"十二五"国家重点音像出版规划
《 "一村一品"强村富民工程实用技术》多媒体丛书
《高效益设施农业生产技术》系列
北京市农业技术推广站　王永泉　李　季　主编

12 种特菜高效益设施栽培综合配套新技术

曹　华　主编

U0369082

中国农业出版社

图书在版编目（CIP）数据

12种特菜高效益设施栽培综合配套新技术／曹华主编．—北京：中国农业出版社，2011.7
（"十二五"国家重点音像出版规划，《"一村一品"强村富民工程实用技术》多媒体丛书．高效益设施农业生产技术系列）
ISBN 978-7-109-15811-5

Ⅰ.①1… Ⅱ.①曹… Ⅲ.①蔬菜园艺-设施农业-新技术 Ⅳ.①S626

中国版本图书馆 CIP 数据核字（2011）第 122424 号

中国农业出版社出版
（北京市朝阳区农展馆北路 2 号）
（邮政编码 100125）
责任编辑　王华勇　李　夷

中国农业出版社印刷厂印刷　新华书店北京发行所发行
2012 年 1 月第 1 版　2012 年 1 月北京第 1 次印刷

开本：787mm×1092mm 1/32　印张：4.875
字数：105 千字　印数：1～4 000 册
定价：50.00 元
（凡本版图书出现印刷、装订错误，请向出版社发行部调换）

编写单位

北京市农业技术推广站

 ## 编委会名单

主　编　王永泉　李　季
参　编　（按姓名笔画为序）

王铁臣　韦　强　邓德江　刘雪兰
李红岭　张丽红　张雪梅　张瑞芬
陈艳利　宗　静　赵景文　赵毓成
胡晓艳　徐　进　曹　华　商　磊
曾　雄　曾剑波　穆生奇　魏金康

 ## 本书编写人员名单

主　编　曹　华
副主编　王永泉　商　磊　孙向阳
参　编　（按姓名笔画排列）

王亚慧　王红霞　王铁臣　冯宝军
吕　建　刘建伟　李红岭　张丽红
张瑞芬　赵景文　徐　进　郭玉晓
梅秀云　蓝　焱

音像制品编制人员名单

监　　　制	赵立山
出　品　人	王华勇
制　片　人	李　夷

责任编辑	王华勇	李　夷
文字编辑	廖宁	
科学顾问	王永泉	李季
技术指导	曹　华	刘建伟
植保技术专家	郑建秋	

撰　　稿	王亚慧	王红霞	王铁臣	冯宝军
	吕　建	刘建伟	孙向阳	李红岭
	张丽红	张瑞芬	赵景文	徐　进
	郭玉晓	梅秀云	曹　华	商　磊
	蓝　焱			

摄　　像	李　夷	让宝奎	栗永刚
后期编辑	刘金华	王　怡	李　夷
配　　音	赵丽超		
制片主任	李　夷		
审　　校	王华勇	张林芳	
编　　辑	刘金华	王　怡	陆　蓓

前　言

　　随着人们生活水平的不断提高，膳食结构也发生了很大的变化，要从吃饱上升到吃好，因此对蔬菜种类和品质的需求也发生了很大变化，不再是"白菜、萝卜吃半年"，而是要求品种多、质量优、营养高等，相当一部分人的需求出现求新求特的趋势。随着装箱礼品菜和中、高档超市净菜等供应形式的出现，一些名、优、新、特蔬菜品种逐渐走上千家万户百姓的餐桌，同时普遍进入各种档次的饭店、餐厅。这些奇特的蔬菜开始不易被接受，但随着时间的推移以及众多销售单位和专业人士的宣传和引导，逐渐被越来越多的人所接受，近几年食用这些外观新颖别致、营养丰富、保健功能强的蔬菜已逐渐成为一种时尚。另外，近几年出口蔬菜发展很快，尤其是包心芥菜、芥蓝等速生叶类蔬菜非常受新加坡和马来西亚等东南亚国家以及香港、澳门等地区消费者的欢迎；耐贮运番茄、黄秋葵、朝鲜蓟等新特蔬菜也深受欧美各国和日本等发达国家消费者的欢迎。

市场上需要相当多数量的新颖、优质蔬菜产品，但全国绝大多数菜田还种植着白菜、萝卜、黄瓜等普通蔬菜品种，许多菜农对新、奇、特、优蔬菜了解很少，有些菜农虽然已经种植过但采用常规种植方法，生产出的产品品质不好、产量不高，不受消费者的欢迎，以致不能取得较好的经济效益。

为此，笔者结合自己 40 多年蔬菜生产一线实践经验和 20 多年名、特、高档蔬菜的科研成果，编写了本书。详细介绍了彩色甜椒、水果型黄瓜、樱桃番茄、西兰花、羽衣甘蓝、紫背天葵等 12 种目前在国内外市场非常受欢迎的名、特、优、新蔬菜，本着高产、高效、优质的原则，对每种蔬菜的特点、种植条件的要求、优良品种的选择、具体栽培技术和病虫害防治等方面的若干技术问题，进行详细论述，突出实用性和可操作性。适用于初中文化程度以上的蔬菜生产技术人员和广大菜农阅读与参考。

在本书的编写过程中参考了《中国蔬菜栽培学》、《现代蔬菜病虫鉴别与防治手册》等专著，再次深表谢意！

编　者

2010 年 11 月

目　录

第一篇

概　论

第一讲　特种蔬菜的概念和特点

一、特菜的定义

特菜是指从国外和国内各地引进的较珍稀的名、特、优、新品种的蔬菜。目前已陆续从荷兰、美国、日本、以色列等 16 个国家和地区引进 30 余科 200 多个特菜品种，并且栽培面积逐年扩大。

二、特菜的范围

目前特菜范围包含以下 4 个方面：

1. 从国外引进洋菜品种

如彩色甜椒、水果黄瓜、球茎茴香、抱子甘蓝、樱桃番茄、樱桃萝卜、根芹菜、朝鲜蓟等。

2. 国内各地的名优品种

如从云南等地引进的紫背天葵、从湖北引进的蒌蒿、从江苏引进的马兰头等。

3. 人工种植的山野菜品种

如蒲公英、苋菜、荠菜、马齿苋、地肤、苦荬菜、车前、蕨菜等。

4. 芽苗菜品种

有用种子生产的香椿芽、萝卜芽、花生芽、苜蓿、黄芥等；用植物的宿根或枝条生产的香椿嫩芽、花椒芽、软化菊苣等。

三、特菜的内涵

在不同地区、不同时期特菜所包含的范围有其不同的内涵，其是一个动态发展的概念。如在20世纪80年代初期北京郊区从国外引进的西芹、生菜、芥蓝、紫甘蓝、荷兰豆等特菜品种，当时在国内罕见所以被称为"特菜"，随着时间的推移，逐渐被生产者和消费者所熟悉并已发展成为大面积生产的普通蔬菜品种，而新引进的球茎茴香、抱子甘蓝、朝鲜蓟等品种成为特菜范围；但是西芹、生菜、芥蓝等品种在甘肃、青海等新发展的菜区还是十分陌生，仍列入特菜范围。所以"特菜"应是一个动态发展的概念，在不同时期、不同地区所涵盖的范围有所不同。

四、特菜的类型

诸多特菜品种大体可分为以下3种类型：

1. 外形奇特、新颖别致

如普通芹菜是食用其叶柄和叶片，而根芹的食用部位是类似菠萝形状的根茎；引进的"彩纹"系列番茄，表皮布满规则的彩色条纹，果色有红色、金黄色、橘黄色、绿色等几种，颜色鲜艳、招人喜爱，非常适合观光和采摘。

2. 营养价值高、口感好

许多特菜品种具有营养物质含量高的特点，例如：普通甘蓝每100克食用部分蛋白质含量为0.9克，而紫甘蓝为

2.1 克，抱子甘蓝为 4.9 克，其蛋白质含量均明显高于普通甘蓝。

3. 有保健的辅助疗效

人们经常食用一些特菜会产生一定的保健疗效，例如经常食用紫番茄对男性前列腺、女性卵巢有一定的保健作用；又如经常食用生菜能提高人体抗病毒能力和促进人体消化功能。

五、引进种植特菜所起的积极作用

1. 满足中高档消费的需求，提高人们生活质量

随着经济的发展和居民生活水平的提高，食品消费已由温饱型向质量型转变，蔬菜作为生活的必需品，人们对其要求更高，由一般化转向优质化、营养化、无害化。近几年，人与人之间的礼尚往来也由以鱼肉为主体的"实惠型"和以保健品为主体的"保健型"转变成为以安全食品为主体的"健康型"，逢年过节，亲朋好友之间，彼此赠送一盒包装精美、鲜嫩、口感好的有机蔬菜逐渐成为一种时尚。食用营养含量高、有保健功能的名、特、优、新蔬菜品种已成为新的潮流。

2. 提高接待档次，促进本地区经济发展和项目引进

用餐是接待上级领导和招商引资中招待投资方的必须招待内容，而用餐的好坏直接影响着投资项目的成功与否，同时也代表者当地蔬菜产业、农业生产、以及本地区的经济发展水平。

3. 促进郊区观光、采摘和休闲旅游事业的发展

蔬菜作物是观光农业的重要内容，由于特菜品种多、外形差异大，颜色能够搭配，能吸引游客观光和采摘，促进观

光、休闲事业的发展。

4. 提高种植者的经济效益，促进农民增收

许多种植成功的实例表明，特菜的销售价一般比普通蔬菜高 2～5 倍，个别高档场合销售要高 50 倍左右，虽然投入高一些，但效益还是要高于普通蔬菜。

5. 加大出口顺差，增加外汇收入

特菜出口到东南亚和欧美、日本等国，不仅售价高，而且能换回外汇，加大贸易顺差。

六、特菜发展经历的阶段

1. 高档消费阶段

20 世纪 80 年代初，随着我国改革开放的深入发展，在北京居住的国际友人逐渐增多。星级宾馆、饭店对西洋菜需求迅速增加。当时农业部支持在北京郊区的小汤山、沿河、樊家村等建立 9 个特菜基地，生产的特菜产品，主要供应宾馆、饭店、友谊商店和首都机场等高档消费场所，从此结束了宾馆用菜靠进口的状况，彻底改变了进口洋菜花去大量外汇的局面。

2. 中档消费阶段

1995—1999 年期间，随着城镇居民生活水平的提高，特菜基地生产的特菜通过超市和节日装箱礼品菜的销售行式流入中等收入的家庭餐桌。

3. 多种档次消费并存阶段

随着改革开放的深入发展，1999 年以后，人民收入不断提高。广大消费者对蔬菜产品需求正由数量消费向质量消费过渡，特种蔬菜逐渐走进千家万户的百姓餐桌。作为馈赠亲友、招待宾朋和节假日消费的佳品，在此阶段高、中档次消费用量仍保持稳定。

第二讲 名特蔬菜生产中 存在的问题

根据近几年对 82 个名特蔬菜生产基地和规模农户的调查结果，目前在名特蔬菜生产中存在以下问题。

一、盲目发展、经济效益低

许多单位和菜农看到种植特菜能赚钱，没有进行充分的市场调研，就盲目引种发展。结果卖不出去或低价出售，种植的特菜反而不如种植普通蔬菜赚钱，造成经济效益差。例如：1995 年北京顺义区某基地在没做市场调查的情况下种植结球生菜 67 公顷。每公顷产量达到 22 500 千克，但当时许多人还不习惯食用生菜，每千克 0.4 元都卖不出去，致使 60％的产品白白损失掉，每公顷收益才 4 500 元。而当年种植大白菜每公顷产值平均达 9 000 多元。

二、品种结构不合理

许多基地和菜农没有按照消费者的需求和设施性能来选择品种和安排种植计划，种植叶类菜面积过大，造成一段时间集中上市，产品过剩，效益低，而瓜果类蔬菜品种种植面积偏小，产品满足不了消费者需求。

三、种植技术水平参差不齐

许多菜农认为种植特菜比种植普通菜容易，按传统栽培方法种植。结果造成产量低、品质差、病虫危害严重和不能及时上市。例如北京小汤山基地 2005 年在日光温室种植 5 亩*"红水晶"和"黄玛瑙"彩色甜椒,采用越冬长季节的栽培方式,并配合科学方法管理,平均亩产达 8 603 千克,每亩产值达 18.3 万元;而大兴区某种植基地种植 2 亩同一品种的彩色甜椒,用普通甜椒的管理方式,亩产量仅 1 200千克,亩产值 3 600 元,两者产量和经济效益相差悬殊。具体在生产中存在以下几方面技术问题:

1. 留果部位不科学

如普通黄瓜、茄子、大椒品种栽培重点主攻方向是要前期果实及促进早成熟,以此来获得高的售价,所以门茄、门椒、根瓜必须长好。而引进的水果型黄瓜、彩色大椒、长茄等特菜品种因生育期长,采收期长达半年以上,必须保证植株整个生育期的良好生长,夺取较高产量,才能收到更大效益。如留住前期果实会影响到以后果实分化和植株生长。

2. 肥水管理不当

有些菜农在种植特菜时很少施用有机肥,大量追施化肥,还有些菜农光施用氮肥,不施或很少施用磷钾肥和微量元素,造成植株长势旺,结果不好,易感病虫害,品质差。浇水大多采取大水漫灌方法,间隔时间长,每次浇水量大,造成浇水后,最初几天土壤湿度过大,空气少,到临近下一次浇水前 2~3 天,土壤水分过少,影响植株正常生长,致使长势差,产量低,正常生长日小于 50%。

3. 密度不合理

国外引进瓜果类作物的品种,种子价格高、单株长势

---

* 亩为非法定计量单位,1 亩=1/15 公顷=667 米²。——编者注

强、采收期长，需较小的密度。如水果型黄瓜每亩定植
2 000株左右比较适宜，许多菜农不了解其特性，按普通黄
瓜密度每亩定植4 000株，致使单株发育不好，结瓜少，易
感病虫害，产量降低。

4. 育苗水平低

多数农户采用传统床土育苗方式，导致根系发育不好，
苗龄长，易携带病虫。1999年在北京郊区6个点调查结果
显示，传统育苗方式幼苗带病虫率41％，而穴盘育苗方式
育苗带病虫率仅5％。

5. 植株整理不及时

如彩色大椒每平方米适留6～7条主枝，需及时去掉其
余侧枝和下部老化叶片保证始终向上生长，而许多菜农在种
植时不整枝，任其自然生长或留条过多不疏果，致使结果
小、产量低、转色慢。

6. 温度、湿度、光照 CO_2 浓度等条件调节水平低

有些单位在保护地设施的田间管理上不科学，不能满足
作物对环境条件的要求，室内温度过高或偏低、冬季湿度过
大、通风不良、室内二氧化碳浓度严重不足，导致产量低、
易感病虫害。

四、产品质量差

产品质量差直接影响到产品的销售量和经济效益。目前
特菜产品品质差具体表现在以下方面：

1. 产品受污染

近几年温室面积增加，病虫害呈上升趋势。许多单位不
注重环境保护，缺乏安全生产意识，使生产的特菜产品农药
硝酸盐、亚硝酸盐、重金属等有害物质含量超过规定指标，

严重危害消费者身体健康。

2. 产品品质差

甜度不高、风味不浓、口感差、营养物质含量低。

3. 产品外观差

果实大小、粗细参差不齐，色泽差，颜色不鲜艳。还有的产品不错，但整修包装不好，并且在中间夹杂劣质品。

五、对产品特性和食用方法宣传少，致使销售量低

许多消费者不是不想买而是不敢买，对食用方法和产品特性不清楚。许多消费者把特菜按照普通蔬菜的烹调方法去做，结果不仅体现不出特色，而且使许多营养流失掉，口感差。主要原因就是生产者缺乏对产品特点和食用方法的宣传，致使特菜的销售量不高。

六、了解市场信息少，相互沟通差

目前市场变化很大，如不了解信息和市场行情，产品就有可能滞销或售价低。另外，不同消费者对特菜的质量标准的要求不同，在不同时期也有差异。

第三讲　健康发展的措施

与整个农业面临新的发展阶段一样，蔬菜产品供大于求的态势日益显露。蔬菜生产由原来受资源和市场双重约束转为以市场约束为主。在我国经济迅速发展的新形势下，蔬菜产业正面临新的发展机遇。为使特菜领域内的新兴、高档、优质类型适应市场变化，提出以下构想和建议：

一、因地制宜科学发展

种植者首先摸清销售市场的需求规律，根据自身的设施条件、劳力素质、气候特点、技术水平、销售对象来确定特菜种植的规模和品种。目前特菜有 5 种销售渠道：宾馆、饭店、酒楼等餐饮业，中高档超级市场的包装净菜，节日装箱礼品菜，出口和外埠销售，观光、采摘和机场、火车站及旅游区的包装销售。因需求对象和销售形式的不同，种植者在确定规模、选择特菜种类和品种、种植时间和方式也应不同。

1. 宾馆、饭店、酒楼和超级市场

要求全年均衡供应。每天都需要送货，而且需求品种多，每种数量多少不定，外观新颖别致、保健功效强的黑紫番茄、樱桃番茄、樱桃萝卜、水果黄瓜等较受欢迎。要分批排开播种，陆续采收供应，不能断档。

2. 节日装箱礼品菜

目前档次高、耐贮藏、外观新颖的彩色甜椒、水果型黄瓜、栗味南瓜、樱桃番茄、成串番茄、香蕉西葫芦、软化菊苣等品种深受欢迎。因此种植应以瓜果类品种为主，适当搭配水果茎蓝、袖珍胡萝卜、樱桃萝卜等根茎类特菜品种。根据不同作物、不同品种的生育期来确定播种期，保证装箱前正常采收。还要根据每个品种的装箱数量和作物产量来确定面积，不要造成有的品种剩余过多，有的品种不足的现象。

3. 观光采摘要分棚播种

选择有利观光和采摘、适宜鲜食、口感品质好、便于游人携带的樱桃番茄、成串采收番茄、水果黄瓜、甜瓜、袖珍西瓜、水果茎蓝等作物和品种；也可种植羽衣甘蓝、叶甜菜、紫叶生菜、樱桃萝卜等既能观赏又能食用的品种，还可适度发展盆栽蔬菜。要安排好播种期在旅游旺季能观光和大量采收，还要高标准种植，保证产品安全，用于观光休闲区的蔬菜要体现观赏价值和艺术特色，吸引游客来园观光。

4. 出口和运往外埠销售

根据本地优势和被销售地区的价格差异，利用专业化合作社的有利条件，积极联系订单，种植耐贮藏运输的作物如：硬果番茄、山药、西兰花、绿皮冬瓜、栗味南瓜、紫苏、芥蓝、菜心等品种，经济效益高于当地销售，同时要根据每批走货的数量来确定播种时间和种植规模。

二、提高科技水平，强化安全食品意识

特菜是菜中精品，对外观和内在质量、口感品质要求相当高。不能用生产普通大路菜的思路和标准去生产。要改变传统观念，树立精品意识，生产和贮运过程中避免污染。主要措施有：施用腐熟有机肥；采用农业防治、物理防治、生物防治等手段预防病虫害的发生；尽量不用化肥和化学农药；改变随水冲施粪便的习惯等，确保产品达绿色食品的标准，力争达到有机食品的标准，与国际接轨。

三、提高品质

1. 选用优良品种

要选用品质优、抗病、抗逆性强，生长整齐的杂交一代种或优良品种，还要根据季节选择适宜本地气候条件的品种，不要图便宜使用劣质种子。另外每家公司都有自己的拳头产品，不是所有品种都最好，要从各家公司选择适合自己种植的最优品种。

2. 采用科学方法管理

根据作物的生长发育规律和对环境条件的要求进行追肥、浇水、调节温度、湿度和光照，以及整枝打杈等科学管理，尤其要推广平衡施肥技术，以有机肥为主、化肥为辅；并应注重 N、P、K 肥料和微量元素配合施用；施用时采取"少吃多餐"的方法，防止营养流失和被土壤固定；推广均衡浇水技术，尽量安装滴灌设施，采取小水勤灌的方式；调节好温度、湿度、光照、二氧化碳浓度等条件，使其在适宜的环境条件下生长，从而生产出品质好、风味浓、甜度高、色泽好、鲜嫩和形状整齐的优质产品。

3. 重视采收后整理，提高特菜档次

要及时采收，提高整修、包装质量，根据规格、质量不同的分类包装。改变菜农整修普通蔬菜存在的"内差外好"、"表里不一"的习惯做法。专人把关检查质量，不合格产品不能上市。并且尽量减少从采收到货架的时间，保证鲜嫩。

四、引导消费

在许多情况下，消费者不买是不了解其特点和食用方法，或尚不习惯食用。如以前油麦菜销量很少，北京全市种植面积仅 100 多亩，年销量不足 1 万千克，后来在饭店推出"豆豉鲮鱼油麦菜"做法，并宣传经常食用油麦菜的好处，使油麦菜深受各阶层消费者的喜食。2001 年种植面积上升到 1 万多亩，销售量达 2 000 万千克。所以市场经济要求蔬菜生产单位和生产者不但要种好特菜，还要了解所种特菜产品的特点、营养含量、保健功能和食用方法，对消费者进行宣传，是推动特菜生产发展、提高经济效益的重要工作之一。

五、树立品牌意识，拓宽销售渠道，降低生产成本

品牌是在激烈的市场竞争中能否生存和发展的重要因素。各生产单位要注重产品质量，树立产品形象，增加市场竞争力，健全销售组织，建立配送中心。各生产单位之间要加强协作和信息交流，利用各自优势，抓住机遇。除供应本地区消费市场外，还要积极参与国内大市场和国际大市场的大循环。抢占外埠市场和挤占国际市场。最大努力地提高经济效益，才能使特菜生产快速、健康发展，从而实现富裕农民的目标。

第二篇

十二种特菜的栽培技术

第一讲 彩色甜椒栽培技术

彩色甜椒（*Capsicum annuum*）是多种不同果色的甜椒的总称，又称为"七彩大椒"，它属于茄科辣椒属，原产中南美洲的墨西哥等地，16世纪传入欧洲。我国在20世纪90年代中后期从荷兰、以色列、美国等国家引入。它作为甜椒家族中一个特殊类型品种，与普通甜椒相比具有以下四个特点：

1. 果型大、果肉厚

单果重200～400克，最大可达700克，果肉厚度在5～7毫米。而普通椒单果重60～100克，果肉厚度在2～4毫米。

2. 果皮光滑、色泽艳丽多彩

有红、橙、紫、浅紫色、奶白、翠绿、金黄等多种颜色，果形方正。

3. 口感甜脆、营养价值高

特别适宜生食，因其维生素C和矿物质含量比普通甜椒高40％以上，不适宜炒食。

4. 采摘时间长、耐低温、耐弱光

其结果采摘期可达8个月，植株长势强，耐低温弱光能力强，株高可长至 2 米以上。

因彩椒具有以上优良特性所以产品深受宾馆、饭店、酒楼和节日装箱礼品菜及观光旅游等广大消费者的喜食。

一、特性和环境要求

1. 植物学特性

甜椒属浅根性植物，主根在疏松的土壤中可深入土层50 厘米左右，主根深入土层被切断后能促进侧根的生成。同其他茄果类作物如番茄、茄子比较而言，甜椒的根系相对弱些，所以抗逆性差，即不耐旱，又怕涝，对土传病害的抵抗力比较差。甜椒的茎直立，属无限生长，分枝习性，在植株分叉处生长第一朵花，之后再不断发生两杈分枝而不断着花，即两杈变四杈，四杈变八杈。它的真叶为单叶互生，叶面光滑，无缺刻，外端渐渐地变尖，叶片绿色，但不同品种的叶色深浅不同，紫色果实品种的叶色最深，白色果实品种的叶色最浅。花为两性花，白色，为常异交授粉作物，一般异交率在 10% 左右。

2. 对环境条件的要求

（1）温度 彩色甜椒喜温怕霜冻，种子发芽适宜温度为 25～30℃；苗期要求温度较高，白天 25～30℃，夜间 18～20℃，温度过高影响花芽分化，过低则生长缓慢；营养生长期适宜温度 20～30℃，夜间 15℃ 左右；开花结果期白天 25～28℃，夜间 13～15℃；地温在 17～26℃ 之间适宜彩色甜椒的根系生长，最适的温度为 22℃ 左右；若室温高于 35℃ 和低于 15℃ 会影响花器发育和开花结果。

（2）光照 它属于中光性作物，即对光照要求不如温度严格，但怕强光，一般只需中等强度的光照，如日照时数在

14 小时以内，甜椒的开花结果数会随着日照时间的增加而增多。

（3）水分　喜湿润的土壤条件，但不耐涝，过干过湿均不利于生长，要求空气相对湿度为 60%～80%，土壤最大持水量 80%左右为宜，尤其是开花结果期不能干旱。

（4）土壤和养分　喜中性和微酸性的土壤，尤以土层深厚、疏松、富含有机质的轻壤土最佳。需肥量大，形成 1 000 千克产品从土壤中吸收纯氮 3.5～5.4 千克；五氧化二磷 0.8～1.3 千克氧化钾 5.5～7.2 千克，氮、磷、钾的吸收比例为 1：0.24：1.33，此外还需要适量的钙、镁、锌、锰、铜等微量元素。

二、优良品种

彩色甜椒的种子市场上很多，但分为三类：①国外引进杂交一代种：从荷兰、以色列、美国、日本等国引进，以从荷兰引进的甜椒表现最好，因其品质好，产量高、耐低温、弱光性好，但缺点是适应性、抗病性稍差、价格偏高。②国内培育一代杂交种：适应性强、产量高、品质较好，抗病，种子的价格偏低。③自繁种子：从一代杂交种中繁殖而来，有些包装上照片很漂亮，但种子质量极差，生长不整齐，椒的大小，颜色均分离出多种类型，其不但产量低，而且产品品质差。

请广大菜农根据当地市场需求和气候特点选择果型大、颜色鲜艳、方灯笼形、果皮光滑、口感脆甜、抗病性强的杂交一代种，每亩用种 2 000～3 000 粒（约 20～28 克），并到正规售种单位去购，切勿图便宜购买自繁种或伪劣种子。目前有以下几个品种表现较好：

1. 红水晶（F_1）

北京北农西甜瓜育种中心育成。嫩果为绿色，成熟果为鲜红色，方灯笼形，长、粗各 10 厘米，果肉厚 7 毫米，平均单果重 200 克以上，个大口感好，抗病性强，亩产 5 000千克以上，定植到初次采收需 100～120 天。

2. 黄玛瑙（F_1）

北京北农西甜瓜育种中心育成。嫩果绿色，成熟果为全黄色，方灯笼形，长、粗各为 10 厘米，果肉厚 7 毫米，平均单果重 200 克以上，个大口感好，抗病性强，亩产 5 000千克以上。定植至初次采收需 100～120 天。

3. 橙水晶（F_1）

北京北农西瓜育种中心育成。嫩果为绿色，成熟果为橙黄色，方灯笼形，长、粗各 10 厘米，果肉厚 7 毫米，单果重 200 克以上，个大口感脆甜，抗病性较强，亩产 5 000 千克以上。定植至初次采收需 100～120 天。

4. 紫晶（F_1）

北京北农西甜瓜育种中心育成。嫩果为深紫色，老熟后转为红色，方灯笼形，长、粗各 10 厘米，果肉厚度为 5～7毫米，单果重 200 克左右，口感甜脆，营养价值含量高，抗病性好，从定植至初次采收约 90 天左右。一般亩产 5 000千克左右。

5. 白玉（F_1）

北京北农西甜瓜育种中心育成，成熟时果色由奶白色变为浅黄色，老熟后转为红色，方灯笼形，四心室，长、粗各 10 厘米，果肉厚度为 5～7 毫米，单果重 200 克左右、口感脆甜，营养物质含量高，抗病性好，从定植至初次采收约 90～100 天。一般亩产 5 000 千克。

6. 曼迪（F₁）

荷兰引进。植株生长势中等，节间短，适合秋冬、早春日光温室种植。坐果率高，果实灯笼形，果肉厚，长8～10厘米，直径9～10厘米，单果重200～260克。外表亮度好，成熟后转红色，色泽鲜艳，商品性好。可以绿果采收，也可以红果采收，耐储运、耐运输，货架寿命长，抗烟草花叶病毒病。

7. 强舟（F₁）

荷兰引进。植株生长势中等，节间短，适合早春日光温室和大棚春夏种植。耐热，在较高温度情况下在也有良好坐果性能，早熟，果实方形，果肉厚，长8～10厘米，直径9～10厘米，单果重200～240克。外表亮度好，成熟后转红色，色泽鲜艳，商品性好。可红果采收，也可以绿果采收。耐储藏、耐运输，货架寿命长，抗烟草花叶病毒病。

8. 塔兰多（F₁）

荷兰引进。植株开展度大，生长能力强，节间短，适合早春日光温室和春夏大棚种植。果实大、方形，成熟后转黄色，生长速度快，在正常温度下，果长10～12厘米，直径9～10厘米左右，果实外表光亮，适应绿果采收，也适应黄果采收，商品性好，耐储运。单果重250～300克，最大单果重可达400克以上，抗烟草花叶病毒病、番茄斑萎病毒病和马铃薯Y病毒病。

9. 黄太极（F₁）

荷兰引进。植株开展度大，生长能力强，节间短，适合秋冬、早春日光温室种植。坐果率高，灯笼形，成熟后转黄色，生长速度快，在正常温度下，果长8～10厘米，直径9～10厘米左右，果实外表光亮，适应绿果采收，也适应黄果采收，商品性好，耐储运。单果重 200～250 克，抗烟草花叶病毒病、番茄斑萎病毒病和马铃薯 Y 病毒病。

10. 塔兰多（F_1）

荷兰引进。植株开展度大，生长能力强，节间短，适合早春日光温室和春夏大棚种植。果实大、方形，成熟后转黄色，生长速度快，在正常温度下，果长 10～12 厘米，直径 9～10 厘米左右，果实外表光亮，适应绿果采收，也适应黄果采收，商品性好，耐储运。单果重 250～300 克，最大单果重可达 400 克以上，抗烟草花叶病毒病、番茄斑萎病毒病和马铃薯 Y 病毒病。

11. 辛普生（F_1）

荷兰引进。植株生长势强，果实大、方形，成熟后橙色，口味好，高产，单果重 200～250 克，货架期长。抗烟草花叶病毒病。

三、茬口和种植季节

彩色甜椒的特点是植株长势强，采摘时间长，一般情况下可以生长 9～12 个月，而普通椒只有 4～6 月，这一点与普通甜椒有很大区别，以下是华北地区的种植季节（表1）：

表1　华北地区种植季节表

茬次	播种期	苗龄	定植期	采收期
温室秋冬茬	7月中下旬	40～50天	8月下旬至9月中旬	12月至翌年7月
温室春、夏茬	12月上旬	60～70天	2月中旬至3月上旬	5～12月
大棚春茬	1月上旬	60～70天	3月中、下旬	6～10月（越夏）
大棚秋茬	5月上旬	50天	6月中旬	9～10月

至于其他地区何时种植应根据当地的气候条件和市场要

求来确定，一般应分为春、秋两茬。一年当中有两个季节最难种，一是炎热的 7、8 月夏季，温度过高不利于生长；二是寒冷的 1 月份冬季，温度偏低也不能正常生长，所以夏季要采取多种措施降温，冬季要采取加温或保温措施来提高保护地内的温度，这里需要提醒大家注意的是应注意计算成本，如果把市场因素除外，南方地区种植秋冬茬比较经济，因为冬季没那么寒冷，保温措施容易采取；而北方地区夏季降温容易些，并且高温季节的时间也短，种春茬相对合算。当然还要以市场需求为核心来确定种植季节。为防止土壤传染病，应在选择地块时尽量选择前三年未种过茄果类作物的土地种植，要搞好轮作倒茬。

四、栽培措施

1. 培育无病壮苗

甜椒的壮苗标准：株高在 15～20 厘米之间，叶有 10 片左右，叶色深绿，叶片肥厚，叶柄粗壮，根系发育好，无徒长，不老化，生长整齐。

培育无病壮秧是高产、优质的基础，适宜的苗龄是根据育苗床的温度来确定的，首先要做好苗床和种子的消毒，每平方米苗床用 50％多菌灵 8～10 克与适量的细潮土混拌均匀后撒施；预防病毒病应用 10％磷酸三钠浸种 20～25 分钟，再用清水冲净后浸种 8～12 小时，然后放至 25～30℃环境下催芽 2～4 天，待种子露白后播种。育苗时可采用草炭营养块育苗，具有防病、早熟、苗壮的特点；也可采用 72 穴塑料穴盘或 6 厘米×8 厘米营养钵育苗，以草炭和蛭石为基质。播种后白天适宜的温度为 28～30℃，夜间在 18～20℃之间，地温应为 20℃左右，出齐苗后室温降低 3～5℃。

冬春季节做好保温和人工加温措施，夏、秋季采取多种措施降温，使幼苗大部分时间均在适宜的温度下生长，夏季育苗在风口安装防虫网，以防蚜虫和其他害虫进入而传播病毒病，在上午 10 时至下午 3 时棚顶要加盖遮阳网以遮光和降温。并喷施 1～2 次"83 增抗剂"或"植病灵Ⅱ号"来预防病毒病，叶面喷施 0.3％浓度的磷酸二氢钾 2～3 次，促使幼苗生长健壮，当幼苗在 2 叶 1 心时进行单株分苗（穴盘育苗方式除外）。

2. 施肥与定植

要施足有机肥，结合着精细整地来施入，每亩施用腐熟细碎有机肥 3 000 千克以上，或活性有机肥（膨化鸡粪加生物菌制成）800 千克以上，耕深 25～30 厘米，整平整细后做成长 6～8 厘米，畦宽 60 厘米，畦沟 40 厘米的小高畦，畦面高出地面 20 厘米，每畦定植 1 行，株距 30～40 厘米；也可做成畦面宽 90 厘米，畦沟宽 70 厘米的低垄高畦或平面高畦，每畦定植 2 行，株距 30～40 厘米，每亩定植 1 800～2 500 株，采收期长的密度宜小些，春节采收后即拉秧的密度宜大些。定植时要选择无风的晴天进行，栽后及时浇水，并覆盖银灰色地膜。有条件的尽量安装滴灌设施和施肥装置。

3. 整枝与吊株

整枝措施是产量形成和果实大小的关键措施，也是与普通甜椒管理的不同之处，普通甜椒着重门椒，对椒等早期果实的产量，后期不整枝任其自然生长，致使单株结椒数量多，而果实小，产量低，品质差，而彩色甜椒着重采收期长，植株生长健壮，结果数少而单果重高，品质好，一般每株结果 20 个左右，单果重 200 克左右，每株产 4 千克，亩产 5 000 千克以上。春节或其他时间集中采收 1～2 次的种植方式，每株结果 6～8 个，单果重 200 克，每亩 2 300 株，亩产 3 000 千克左右。

每株选留 2～3 条主枝，以每平方米 7 条左右为宜，门椒和 2～4 节的基部花蕾应及早蔬去，从第 4～5 节开始留椒，以主枝结椒为主，及早剪除其他分枝和侧枝，在密度较小情况下，植株中部侧枝可留 1 个椒后摘心，每株始终保持有 2～3 个主枝条向上生长。不需培土，以防根部氧气少而影响生长，采用银灰色吊绳来固定植株，每个主枝用 1 条来拴住基部；短季节集中采收的种植方式也可采用竹竿搭围栏来固定植株。

4. 肥水科学管理

(1) 均匀浇水　定植后浇 1 次水促进缓苗，然后中耕，蹲苗 15 天左右，目的是促进根系生长。以后根据季节和长势及天气情况浇水，以小水勤浇为宜，常保持土壤湿润，一般 5～7 天浇 1 次水，滴灌方式在结果期每天滴水 30 分钟左右，每亩滴水量 5 立方米左右为宜，可根据水压来确定滴水时间。保护地室内空气相对湿度在 60%～80% 为宜。

(2) 平衡施肥　根据土壤养分含量来确定追肥数量，一般每隔 15 天左右追肥 1 次，可选用活性有机肥每亩 100 千克加硫酸钾 3 千克穴施；也可用"一特"牌蔬菜专用肥每亩 20 千克穴施；有滴灌设施的用"台湾农保赞"有机液肥效果最好，其养分含量为速效氮 9%、五氧化二磷 6%、氧化钾 9%、微量元素 2%。总之要本着氮磷钾和微量元素配合使用和"少吃多餐"的原则，切忌一次大量追施氮素化肥的方式。生长期间 10 天左右叶面喷肥 1 次可促进生长发育，可结合喷施农药一起进行，品种选用 0.2% 尿素加 0.3% 磷酸二氢钾，或中国台湾农保赞有机液肥 6 号 500 倍。最好喷在叶背面，且避开中午温度高时来喷效果好。

5. 疏花疏果与喷花保果

甜椒生长期间要结合整枝打杈进行疏花疏果，每株可同时结果数在 6 个以内，以确保养分集中供应，促使果大肉厚和品质好，在棚温低于 20℃ 和高于 30℃ 时采用适宜浓度的"沈农二号"生长调节剂喷花保果，其浓度视室温而调整。在室温 20℃ 时，每支 8 毫升对水 0.75 千克；当室温 25℃ 时，每支对水 1 千克；当室温 30℃ 时每支对水 1.25 千克。

6. 调节温度和光照

保护地要及时调节室内温度，使其大部分时间在适宜的温度条件下生长，白天保持 25～30℃，夜间 13～18℃，冬、春季节想尽办法增温保温和人工加温；夏、秋季节采取多项措施降低温度。6～8 月的中午 10～15 时在棚顶覆盖遮阳网降温遮光，减轻光照强度，也可采取在两边种植苦瓜、丝瓜、南瓜等蔓生蔬菜爬上棚顶遮光的办法，冬、春季节要经常清洗棚膜以增加透光率。

7. 二氧化碳施肥

保护地种植甜椒在坐果后如采用人工二氧化碳施肥方法能增加光合作用能力，促进其生长发育，有效地提高产量和品质，经试验证明以固体硫酸与碳酸氢铵反应方法效果最好。具体方法是：晴天太阳出来 1 小时左右时，每亩用碳酸氢铵 3.5 千克放入发生器或塑料盆（桶）中，加含量为 70％ 固体硫酸 2.9 千克，再加入清水 4～5 千克，关闭风口和门窗 1.5 小时后再放风，这样使棚室二氧化碳浓度达到 1 000 毫克/千克以上，一般增产 20％ 以上。

在冬季夜间温室内安装臭氧发生器，能有效预防病害的发生。

8. 适时采摘

彩色甜椒果实作为一个高档特菜品种，上市时对果实的质量要求很高，颜色的好坏，果面的光亮和上市时间将直接影响商品品质和价格，同时也关系到菜农的经济效益。因此采摘不能过早和过晚，如为红色、黄色、橙色甜椒，采摘的最佳时间要在果皮完全转色时再采摘，一般在定植后120天左右开始采摘；如甜椒为紫色、白色等品种需在定植后90天左右，果实停止膨大，果肉充分变厚时再采摘。采摘时用剪刀或利刀从果柄与植株连接节处剪下，不能用手扭断果柄，以免损伤植株和感染病害。摘时要轻拿轻放，放入纸箱或塑料箱中，如用竹筐要衬垫软纸或薄膜，防止扎伤果面。按颜色和果实大小分类包装出售，包盒时每个托盘可装2～3种颜色果实，便于食用时多种颜色搭配。

五、主要病虫害及防治

彩色甜椒的主要病虫害有病毒病、疫病和蚜虫。

1. 病毒病

病毒病是彩色甜椒的重要病害，发生普遍，露地和保护地种植发病都相当严重，显著影响彩色甜椒的产量和质量。彩色甜椒病毒病常出现花叶、黄化、坏死和畸形等多种症状，有时几种症状同在一株上出现，引起落叶、落花、落果，严重影响彩色甜椒的产量和品质。

彩色甜椒病毒病由多种病毒侵染引起，传播途径因毒源种类不同可分为虫传和接触传染两类。田间发病与蚜虫的发生关系密切，特别是遇高温干旱天气，不仅可促进蚜虫传毒，还会降低彩色甜椒的抗病性。通常高温干旱病害严重。

定植不适时、连作、低洼及缺肥等易引起此病流行。

防治方法：

①引进或选用相对较抗病或耐病的彩色甜椒品种。种子用10％磷酸三钠浸种20～30分钟后洗净催芽播种。

②施足底肥，采用地膜覆盖栽培，适时播种，培育壮苗，增强植株抗病性。生长期加强管理，高温季节勤浇小水。注意及时防治蚜虫。

③夏季保护地种植采用遮阳网覆盖，露地种植与高秆遮荫作物间作，改善田间小气候，减少田间发病。苗期可喷洒20％病毒A可湿性粉剂500倍液，或1.5％植病灵乳剂1 000倍液，或NS-83增抗剂100倍液，或1％抗毒剂1号水剂200～300倍液，隔10天左右喷1次，连续喷施3～4次。

2. 疫病

疫病死秧是造成彩色甜椒毁灭性损失的主要原因，种植地区都有发生，发病后常造成植株成片死亡，轻病棚室病株20％～30％，重病棚发病率常达50％以上，甚至造成整棚植株坏死，损失极其严重，也是当前影响我国彩色甜椒生产的最重要病害。

有效防治方法：收获后及时彻底清除植株残体，耕翻土壤，最好与葱蒜或冷凉蔬菜轮作。

进行药剂处理土壤预防，可选用硫酸铜3～5千克/亩拌适量细土，1/3药土均匀撒施在定植沟或定植穴内，另2/3药土在定植后覆盖在植株根围地面，避免药土直接接触根系。也可用70％土菌消可湿性粉剂1～2千克/亩，或72％霜脲锰锌可湿性粉剂1～3千克/亩拌药土处理土壤。还可采用日光能高温处理土壤，即在春夏之交天气晴好空茬时期，深翻土壤，精细整地后均匀撒施 2～3 厘米长碎稻草和生石灰各 300～500 千克/亩后全面耕翻，使稻草和石灰均匀分布于耕作层，浇水使土壤湿透后铺膜，四周压实，再闭棚升温，高温闷棚 15～30 天，使土壤耕作层持续高温将病虫杂菌杀灭，处理后注意增施生物有机肥和防止再污染。

加强田间管理，根据生理需要合理浇水施肥。提倡采用滴灌或膜下暗灌技术，禁止大水漫灌。浇水后加大通风，防止棚内空气和土壤湿度过高。发现病苗或病株随时拔除，注意控制浇水，及时实施药剂防治。可选用 72.2% 普力克水剂或 72% 霜脲锰锌可湿性粉剂 500～600 倍液，或 69% 安克锰锌可湿性粉剂 1 000～1 200 倍液，或 70% 土菌消可湿性粉剂 1 500 倍液，或 98% 恶霉灵可湿性粉剂 2 000 倍液灌根，视病情 10～15 天喷 1 次，浇灌药液 150～250 毫升/株。发病期注意适当控制浇水。

3. 白粉病

通常只为害叶片，老叶、嫩叶都可染病，发病后先在叶片正面产生褪绿小黄点，以后变成边缘不明显的退绿黄色病斑，随着病害发展在病叶背面产出白色粉末状病菌，致使病部叶片细胞变褐坏死。严重时病斑密布，白粉病菌迅速增加，在病叶表面形成一层厚厚的白粉，短时间内致使叶片变黄坏死，最后使植株叶片大量脱落形成光秆。如果水肥管理不当，偏施氮肥，或者是彩色甜椒缺肥，病害发生较重。

防治方法：

①在彩色甜椒采收完后及时彻底清理植株残体，集中高温堆沤处理，消灭残存病菌。

②选用药剂进行预防，保护地种植在移栽前对空棚选用硫黄粉 0.5～1 千克/亩进行熏蒸灭菌处理。

合理施肥，不偏施氮肥，保护地种植防止棚室内空气忽干忽湿。有条件还可在棚室内挂设硫黄熏蒸器，定期用硫黄熏蒸，预防发病。

发病初期及时开展药剂防治，可选用43％菌力克悬浮剂8 000倍液，或10％世高水分散粒剂8 000倍液，或选用40％福星乳油6 000～8 000倍液，或2％农抗120水剂，或2％武夷菌素水剂200倍液喷雾防治，隔7～15天喷1次，视病情连续防治2～3次。保护地内采用常温烟雾机进行常温烟雾施药防治效果更理想。

4. 桃蚜

桃蚜也叫烟蚜、桃赤蚜、菜蚜等。桃蚜有两种形态，一种有翅膀，叫有翅蚜，一种没有翅膀，叫无翅蚜，多在蔬菜的顶尖和幼嫩部位吸食汁液，造成嫩尖和嫩叶卷缩变形，植株生长不良，不能正常开花结果。还传播多种病毒病，诱发煤污病。

桃蚜有浅绿色、浅黄色和浅红色多种体色。在华北地区一年可发生10多代，南方地区可达30～40代。北方地区冬天一般不形成为害，在温室内蔬菜上可零星发生。露地蔬菜常在春、秋出现两个发生高峰。在南方桃蚜可周年发生为害。桃蚜喜欢黄颜色和橙黄色，害怕银灰色。可利用它对颜色的喜好进行防治。

防治方法：

①根据有翅蚜虫害怕银灰色，可在菜地内间隔铺设银灰色膜或挂银灰色膜条驱避蚜虫。

②根据有翅蚜虫喜欢黄色，可在田间挂设黏虫黄板诱集有翅蚜虫，或距地面20厘米左右架黄色盆，内装0.1％肥皂水或洗衣粉水诱杀有翅蚜虫。

③适时进行药剂防治，由于蚜虫世代周期短，繁殖快、蔓延迅速，多聚集在蔬菜心叶或叶背皱缩隐蔽处，喷药要求细致周到，保护地内采用烟雾剂或常温烟雾施药技术防治效果更好。喷雾可选用 20％康福多浓可溶剂 3 000～4 000 倍液，或 1％印楝素水剂 800～1 000 倍液，保护地选用 20％灭蚜烟雾剂，每次每亩 0.4～0.5 千克均匀摆放，点燃后闭棚 3 小时。

第二讲　水果型黄瓜栽培技术

黄瓜（*Cucumis sativus* L.）属于葫芦科甜瓜属一年生攀缘草本植物，起源于喜马拉雅山南麓，水果型黄瓜是欧美型全雌性无刺黄瓜品种。自 20 世纪 90 年代中期从荷兰、法国、以色列等国引入我国，在北京、上海等大中城市的郊区种植，产品以供应饭店、酒楼和装箱礼品菜为主，近几年面积不断扩大。

产品特点瓜长 12～15 厘米，果实圆柱形，直径约 3 厘米，果色中绿，表皮上没刺，无瘤，易清洗，果肉脆甜多汁，口味清香。我们知道，黄瓜每 100 克含蛋白质 0.6～0.8 克、脂肪 0.2 克、碳水化合物 1.6～2.0 克、灰分 0.4～0.5 克、钙 15～19 毫克、磷 29～33 毫克、铁 0.2～1.1 毫克、胡萝卜素 0.2～0.3 毫克、硫胺素 0.02～0.04 毫克、核黄素 0.04～0.4 毫克、尼克酸 0.2～0.3 毫克、抗坏血酸 4～11 毫克。水果黄瓜除含上述成分外，还内含丰富的丙醇二酸、黄瓜酶等活性物质和大量的维生素 E、胡萝卜素、抗坏血酸及其他对人体有益的矿物质和硫胺素，其核黄素的含量也高于番茄。

水果黄瓜不但营养丰富，又有医疗保健功能，对糖尿病、高血压有一定疗效。水果黄瓜还有清热利水、抗肿瘤、减肥、美容等多种作用。水果黄瓜最适宜生食（蘸酱鲜食），也可以熟食（炒菜、做汤）以及做泡菜、盐渍、糖渍、醋渍、酱渍、制干和制罐头等，深受各阶层消费者的青睐。

一、主要品种

1. 戴多星

荷兰引进的一代杂交种。强雌性，以主蔓结瓜为主，瓜码密，瓜长14～16厘米，横径2.5厘米，无刺无瘤，果皮翠绿色，有光泽皮薄，口感脆嫩，口质好。耐低温弱光等不良条件，抗病性较强，丰产性好。

2. 戴安娜

北京北农种业有限公司推出的一代杂交种。长势旺盛，瓜码密，结瓜数量多，果实绿色，微有棱，无刺无瘤，长14～16厘米，粗2.5厘米，果实口感好，抗病性强，适宜在晚秋、冬季和早春等季节在保护地种植。

3. 白贵妃

北京北农种业有限公司新选育出的欧美类型无刺形一代杂交种。植株生长整齐健壮，节间短，每节均可坐瓜。瓜短柱形，表皮淡绿色，长15厘米，直径2.5厘米，口感甜脆、清香爽口，品质极佳，适宜生食，抗病性较强。

4. MK160

荷兰引进的一代杂交种。强雌性，节间短、瓜码密结瓜多，果皮翠绿色，果皮光滑，瓜长12～16厘米，横径2～2.5厘米，心室小于横径的1/3，口感脆嫩爽口，耐低温弱光，抗白粉病，抗黑星病能力强，适合春、秋季节种植。

5. 春光 2 号

中国农业大学选育的一代杂交种。耐低温、弱光能力强,主蔓结瓜为主,根瓜出现在 4～5 节,单性结实,持续结瓜能力强,高抗枯萎病,较耐霜霉等病害,瓜长约 20 厘米,横径约 3 厘米,单瓜质量 120 克左右,瓜条顺直,果肉厚,果面光滑无刺或略有隐刺,皮色亮绿,质地脆嫩,口感香甜,味特浓,适于鲜食。

6. 迷你 2 号

北京市农科院蔬菜研究中心育成。适于越冬加温温室、冬春温室及春大棚种植,全雌性,一节 1～2 瓜,瓜长 12 厘米左右。光滑无刺,生长势强,坐瓜能力好,耐霜霉、白粉等真菌病害。

7. 迷你 4 号

北京市农科院蔬菜研究中心育成的水果型黄瓜杂交一代,为越冬温室型专用品种,耐寒性、耐弱光性优于"迷你二号",要求夜温不低于 8℃。产量比"迷你二号"高 30%,品质与"迷你二号"无差异。越冬温室栽培比"迷你二号"瓜条长 1 厘米左右。

二、栽培技术

1. 环境要求

(1)温度 水果黄瓜喜温不耐寒,但又怕高温,种子发芽适宜温度 26～30℃,最低 12.7℃,最高 35℃;生长发育适宜温度白天为 25～32℃,夜间 15～18℃,夜间温度最低 10℃以上,昼夜温差 10～15℃较适宜;最适宜根系生长的地温为 20～25℃,低于 15℃和高于 32℃均不利于根系生长。

（2）光照　水果黄瓜属于短日照作物，8～11小时的日照条件能促进雌花的分化和形成。喜强光照，光饱和点为55 000勒克斯，光补偿点为2 000勒克斯，但耐弱光能力明显强于普通黄瓜品种。生产上夏季设置遮阳网，冬春季覆盖无滴膜和张挂反光幕，都能调节光照，促进黄瓜生产发育。黄瓜的同化量上午占全天的60%～70%，因此日光温室生产黄瓜应适当早揭苫。

（3）水分　水果黄瓜喜湿又怕涝，适宜的土壤湿度为土壤持水量的60%～90%，苗期约60%～70%，成株约80%～90%。适宜空气湿度为60%～90%。理想的空气湿度应该是：苗期低，成株高；夜间低，白天高。低到60%～70%，高到80%～90%。空气相对湿度大很容易发生病害，所以棚室生产上阴雨天和刚浇水后，应注意放风排湿。采用膜下暗灌等措施可降低保护地的空气相对湿度，减少病害。

水果黄瓜在不同生育阶段对水分的要求不同。幼苗期不宜过多，初花期要控制，防止地上部徒长，促进根系发育，结果期必须供给充足的水分才能获得高产。

（4）土壤和营养　水果黄瓜喜肥但不耐肥，因此种植时应选择富含有机质，透气性良好的壤土或轻壤土中种植，其对土壤酸碱度的要求以中性偏酸为好，pH在5.5～7.6之内均能适应，但最适宜的pH为6.5；生长发育需要多种矿质元素，并且只有在各元素之间保持适当比例的条件下，才能长发育；水果黄瓜的耐盐性差。每生产1 000千克果实，植株需要吸收纯氮2.8千克、五氧化二磷0.9千克，氧化钾3.9千克，氧化钙3.1千克，氧化镁0.7千克，其吸收比例为1∶0.32∶1.39∶1.1∶0.25。生产时施肥应以有机肥为主，只有在大量施用有机肥的基础上提高土壤的缓冲能力，才能施用较多的速效化肥。施用化肥要配合浇水进行，以少量多次为原则。

（5）气体 水果黄瓜适宜的土壤空气中氧气含量为15%～20%，低于2%生长发育将受到影响。生产上增施有机肥、中耕都是增加土壤空气中氧气含量的有效措施。黄瓜的二氧化碳饱和点浓度为0.1%，补偿点浓度0.005%。保护地栽培、特别是日光温室冬春茬，应通过增施有机肥和人工施放二氧化碳的方法来补充。

2. 茬口安排

水果型黄瓜单株结瓜多，高产潜力大，适宜在保护地内生长季节栽培，尤其适宜在光照充足、温度适宜、二氧化碳浓度充足的现代化智能温室内进行无土栽培。以北京地区为例，有以下几个茬口，基本能做到周年供应（表2）。

表2 北京地区水果黄瓜保护地生产周年茬口安排表

茬次	播种育苗	苗龄	定植期	采收期
日光温室早春茬	1月上、中旬	35天	2月中旬	3月中旬至7月中旬
塑料大棚春茬	2月下旬	30天	3月下旬	4月下旬至7月下旬
塑料大棚秋茬	7月中下旬	25天	8月上、中旬	9月上旬至10月中旬
日光温室秋冬茬	8～9月	30天	9～10月	10月至翌年1月下旬
高效日光温室越冬茬	9月下旬至10月初	30天	11月初	12月至翌年6月

3. 培育壮苗

种子处理：播种前要晒种1天，用55～56℃（二开一凉）温水浸种，并用木棍不停搅动至30℃，再浸种4～8小时，然后在10%浓度的磷酸三钠溶液浸种20～30分钟，以钝化病毒预防病毒病，有种子包衣剂的种子可以不用温汤浸种，将浸过种的种子捞出冲净晾去表皮水分后，用软棉布包好放在25～30℃条件下催芽，约10小时左右芽长2～3毫米时再播种。如是冬、春季节，种子萌动或出芽后要在0～1℃环境条件下处理24～48小时后再播种，有利于出苗整齐和提高植株的抗寒能力。

播种：用50穴的塑料穴盘或8厘米×10厘米的营养钵育苗，以草炭和蛭石为基质，配比为2:1，每立方米加50％多菌灵100克，施入一定数量的腐熟、细碎的有机肥或三元复合肥，使营养基质速效氮含量达150毫克/千克，速效磷达100毫克/千克，速效钾达100毫克/千克。播种时要浇透底水后播种，种子平放芽朝下，复基质1～1.5厘米厚。上面可盖层地膜以保温保湿，待芽出土时揭去。也可以采用育苗营养块来育苗，营养块是用草碳加肥料、农药压缩制成，育苗期间不需施肥、打药，并且有利根系生长和培育壮苗，但要注意播种之前浇透水，标准是用牙签插入时感觉不到硬心，但不能放在水里浸泡。苗龄不宜过长，以根系不外露为宜，一般二叶一心时定植。

苗期管理：幼苗出土时需较高的室温，以28～32℃为宜，苗出齐后适当降温，以白天25～30℃，夜间12～15℃为宜，定植前7天降温练苗，白天20～25℃，夜间10～12℃。整个苗期要求较强的光照条件，但夏、秋季育苗应减少光照时数，每天12小时左右，以利雌花发育。二叶期以后应及时浇水、追肥，并进行叶面喷肥2～3次。壮苗的标准：苗龄为25～30天，苗子为2叶1心至3叶1心，子叶肥大平展，茎粗约0.6厘米，苗子的叶色为深绿，胚轴短，根系发达，无病虫害。

4. 整地施肥

水果黄瓜应选择在生态条件良好，远离污染源，空气质量、灌溉水质量和土壤环境质量好的地方。并且土质疏松、肥沃、有机质含量在 1％ 以上；灌水、排水条件良好，前 2～3 年未种过瓜类作物的保护地种植。每亩施用腐熟细碎优质有机肥 5 000 千克以上，2/3 撒施，1/3 沟施，耕地前与作畦前分层施入。耕深 25～30 厘米，要提高整地质量，使肥料与土壤掺匀，达到平整、疏松、细碎无坷垃的标准，作成 150 厘米宽的瓦垄畦，铺上银灰色地膜，进行膜下暗灌或滴灌。

5. 定植

当 10 厘米地温稳定通过 12℃ 后黄瓜即可定植。株距 30～40 厘米，每亩 2 000～2 200 株。阴天尾、晴天头天定植，以上午定植为宜。栽植不要过深，以土坨与畦面相平为宜。早春地温低时采取浇暗水的方式，其余季节要浇透定植水。

6. 田间管理

（1）水分管理 蹲苗期要短，7～10 天即可，以后采用小水勤浇的方式，滴灌方式最好，每亩每天 5～10 立方米水为宜，结瓜采瓜期要保证水分均衡供应，忌大水漫灌。室内相对湿度 60％～90％ 为宜，但结瓜期要高；白天也要高，而夜间和苗期湿度相对要低一些。

（2）追肥 常规浇水方式的采瓜期每隔 15 天左右追肥 1 次，滴灌方式 5～7 天 1 次，本着"少吃多餐"的原则。根据地力、长势可选择以下肥料：①活性有机肥：每亩 100 千克（烘干鸡粪＋生物菌）＋硫酸钾 2.5 千克；②农保赞有机液肥（1 号）每亩 1 升随水灌施或滴灌施入；③氮磷钾三元复合肥每亩 15 千克穴施。叶面喷肥是一种非常好的施肥方式，能快速补充营养，一般 7～10 天 1 次，可选用以下两种肥料：千分之三磷酸二氢钾加千分之五尿素溶液混合喷施，但要用温水化开充分与水掺均再倒入喷雾器；或是农保赞有机液肥 6 号 500 倍液。可结合喷施农药一起进行。

（3）植株调整　植株调整是获得优质高产的重要措施，也是与普通黄瓜管理方面的不同之处。

水果黄瓜强雌性从第 2～3 片叶即有幼瓜出现，如果让其长大并采收，将严重影响到植株的生长和中部以上幼瓜的发育，所以要及早将 1～5 节位的幼瓜疏掉，从第 6 节开始留瓜。

具体操作是应将传统的竹竿塔架改为用银灰色塑料绳来吊蔓，银灰色有驱避蚜虫及其他害虫的作用，用绳吊蔓可以便于落秧来延长采收期，一般植株可以长至 10 米以上，单株结瓜 60 条以上。有的品种分枝性强，在密度大时将分枝留一条瓜后拿顶，密度小时可利用分枝结瓜。在生长过程中要将下部老叶摘除并往下坐秧或使其斜向生长。引蔓、去老叶等植株调整 7～10 天进行 1 次。

（4）温度和光照管理　冬季要做好防寒、保温；夏秋季做好降温工作。使其在大多数时间处于适宜的温度条件下生长。

缓苗期：白天 28～30℃，晚上不低于 18℃。

缓苗后采用四段变温管理：8～14 时，25～30℃；14～17 时，25～20℃；17～24 时，15～20℃；24 时～日出，15～10℃。地温保持在 15～25℃。温度的调控主要通过揭盖草苫和关放风口来实现。

采用透光性好的无滴功能膜，冬季经常清扫、刷洗棚膜，在后墙和两侧墙悬挂反光膜，可以增加光照强度；夏季在 11 时至 15 时棚顶要覆盖遮阳网，以降温和减少光照强度。

（5）二氧化碳施肥　保护地秋冬茬、冬春茬水果黄瓜生产中，二氧化碳浓度严重不足。增施二氧化碳能使植株健壮，光合增强，减轻病害，延长采收期；提高黄瓜品质，增产、增收效果明显。生产中多采用最经济实用的化学法，即浓硫酸加碳酸氢铵的反应法。

缓苗后开始施放，每天 1 次，到结瓜盛期末。阴天不宜施放。温室在揭苫后 30 分钟，大棚在日出后 30 分钟开始施放。放风前 30 分钟停止施放。施放量及浓度以 1 000～1 500 毫克/千克为宜。一般情况下，停止施放后，黄瓜往往提前老化，产量显著下降。应采用逐渐降低施放浓度或逐渐缩短施放时间，直到停止施放，以适应环境条件，并加强肥水管理，防止老化和减产。每亩设 10～12 个施放点。发生反应的塑料桶吊在棚室架上，随黄瓜生长而升高，桶口始终高于黄瓜龙头。

7. 采收

采收要及时，防止坠秧；水果黄瓜雌花开放后 6～10天，瓜长 12～18 厘米，横径 2～2.5 厘米即可采收。前期连阴（雨、雪）天或连续低温时，要适当早采收，以防植株衰弱或感病。采收应在早晨进行，用剪刀或小刀剪断瓜柄，采收工作要细致，防止漏采，影响生长和效益。产品质量符合无公害食品要求。避免人为、机械或其他伤害。

水果黄瓜采收后要进行修整，不留果柄，拭去果皮上污物。分级和包装后及时预冷，温度调控在 10℃。短期贮藏的，温度控制在 12℃，湿度 95％～100％。运输温度 12℃为宜，要文明装卸，防止机械损伤。

三、病虫害防治

为保证产品的优质和安全,控制农药的使用非常重要,优先采用农业、物理等方法来预防病虫害的发生,在发病初期采用生物农药防治,发生较严重时,再采用高效低毒的化学农药对症施药来防治。不同品种农药应交替使用,严禁使用剧毒农药。在保护地内优先采用粉尘喷粉方法和烟熏方法,以降低棚内空气湿度,同时节省人工。要严格控制农药安全间隔期,以保证产品达到无公害要求。

1. 霜霉病、疫病

用5%百菌清粉尘,或5%霜霉清粉尘,或5%加瑞农粉尘,每亩用量1千克,10天左右1次;或用45%百菌清烟剂每亩250克,分放5～6处,傍晚暗火点燃密闭棚室熏一夜,次晨通风,7天熏1次,连熏3次;或用72%霜脲锰锌可湿性粉剂600～800倍液,或72%克露可湿性粉剂600～800倍液,或72.2%普力克水剂600～800倍液喷雾,一般7～10天1次,连喷3次。

2. 细菌性角斑病

用47%加瑞农可湿性粉剂600～800倍液,或新植霉素5 000倍液,或72%农用链霉素可溶性粉剂4 000倍液喷雾,3～5天1次,连喷3次;或用5%加瑞农粉尘,每亩1千克,喷粉器施药。

3. 白粉病

用15%粉锈宁可湿性粉剂1 500倍液,或10%世高水分散颗粒剂2 000～3 000倍液,或40%福星6 000～8 000倍液,或40%多硫悬浮剂500倍液喷雾防治。

4. 蚜虫

用5％灭蚜粉尘，每亩1千克；或10％瓜蚜烟剂，每亩500克；或10％吡虫啉可湿性粉剂1500倍液，或40％康福多水溶剂3 000～4 000倍液，或25％阿克泰水分散粒剂5 000～10 000倍液，或2.5％天王星乳油2 500～3 000倍液，或21％灭杀毙乳油3 000倍液喷雾防治。

5. 美洲斑潜蝇

选用40％绿菜宝乳油1 000～1 500倍液，或1.8％虫螨克乳油2 000～2 500倍液。喷药宜在早晨或傍晚进行，注意交替轮换准确用药。

第三讲　樱桃番茄栽培技术

樱桃番茄（*Lycopersicon esculentum* var. *cerasiforme*）又名迷你番茄、小番茄等，属茄科番茄属一年生蔬菜，是番茄半栽培亚种中的一个变种。原产于南美洲热带秘鲁，在我国栽培历史相对较短。国外栽培历史较长，种植面积也较大，尤其日本、荷兰等地栽培较多。在全世界迅速发展。在我国台湾地区栽培最早，我国从20世纪80年代开始从国外引入，在北京、上海、广州等大中城市的郊区种植，目前全国各地均有种植。樱桃番茄以成熟果实供食，酸甜可口，营养丰富，完熟果实的糖度高达7～度°。每100克鲜果中含水分94克左右，碳水化合物2.5～3.8克，蛋白质0.6～1.2克，维生素C 20～30毫克以及胡萝卜素、维生素B、矿物质等，可当成水果生食或菜肴熟食，也能制成罐头等，具有独特的风味。其果汁中含有甘汞，对肝脏病有特效，也有利尿、保肾之功能，其果皮中含有与维生素D作用相同的物质，可降低血压，预防动脉硬化、脑溢血等疾病。樱桃番茄最适宜生食，也可以熟食（炒菜、做汤）和制罐头等，深受各阶层消费者的青睐。因其食用范围广（蔬菜水果兼用）、栽培方式多样（庭院栽培与专业种植均可）、抗逆性较强等特点，未来的发展会更加迅速，预计与普通番茄和加工番茄之间形成三足鼎立之势。由于樱桃番茄本身的特点，符合六种农业的发展方向，尤其对于发展观光旅游农业至关重要，所以发展非常迅速。

一、环境要求

樱桃番茄，在中国大部分地区是作为一年生蔬菜来栽培种植的，但在终年无霜、冬季温暖或采取保护措施的地区，可实现多年生长。樱桃番茄具有喜温、喜光、耐肥及半耐旱的生物学特性，在春秋气候温暖、光照较强而少雨的气候条件下，较容易栽培，也较容易获得较高产量。具体对温度、光照、湿度、土壤及养分条件的要求如下：

1. 温度

樱桃番茄属喜温性蔬菜，一生中正常生长发育的温度范围是 10～30℃。但不同生长时期对温度的要求也各不相同。营养生长的温度范围为 10～25℃，生殖生长的温度范围是 15～30℃。低于 10℃ 生长速度缓慢，5℃ 以下停下生长，0℃ 以下有受冻可能，但是经过耐寒训练的苗，可耐短时间 -2℃，长时间处于 1～5℃ 的低温环境，虽然不致冻死，但能造成寒害，弱苗在 1℃ 左右有受冻可能。温度高于 30℃，同化作用显著下降，生长量减少，温度达 35℃ 时，生殖生长受到破坏，不能坐果；温度达到 35～40℃ 时，则植株生理状态失去平衡，并易诱发病毒病。

土壤温度以 20～22℃ 最好，低于 13℃ 时，根的机能下降，土壤温度最高上限为 32℃。

各个生育阶段对温度的要求和反应分别如下：

(1) 种子发芽期　种子发芽的适宜温度是 25～30℃，正常种子可在 48 小时开始发芽，高于 30℃ 虽然出芽快，但苗细弱，一般品种 32℃ 以上停止发芽；低于 25℃ 则随温度下降出芽速度缓慢，出芽期推迟，当温度降到 11℃ 以下时，停止出芽，11℃ 为种子出芽的低温极限。

(2) 子叶期　子叶期是樱桃番茄生长的低温时期，适宜的气温为白天 20℃，夜间是 10～12℃。此时如果温度过高，下胚轴伸长过快，易形成徒长苗，即"高脚苗"。

(3) 子苗期　为促进真叶生长，应提高温度，白天 22～23℃、夜间 12～13℃ 为宜。子苗期的生长要为以后的花芽分化打下物质基础，如果温度过低，生长量少，将推迟花芽分化的日期，子苗期夜温低时，将来出花节位低，反之则节位升高。

(4) 成苗期　这段时间适宜温度为 15～25℃，夜间不低于 15℃，白天不高于 25℃ 为宜。成苗期幼苗不仅继续长出新叶片，体积增大，最重要的生理过程是开始花芽分化。温度条件应满足花芽分化的要求，温度对花朵数、花朵大小、花形状等有明显影响，即影响花的数量和质量，将来影响到果实的数量和质量。因此，确保花芽分化的条件要求是非常重要的。花芽分化与花芽发育的适宜温度是夜间 15～17℃，白天 23～25℃，昼夜温差为 8±2℃。如果夜温低于 15℃，花芽生长速度慢，特别是昼夜温差大时，花朵变大，萼片数、花瓣数、雄蕊数增加，子房亦增大，花序变成复花序；如果温度更低，则形成畸形花。一般小型樱桃番茄品种很少形成畸形花，大型樱桃番茄则容易形成畸形花。

地温以 18～22℃左右为宜。

成苗期的平均温度低，开花期会推迟，影响早熟性。

（5）开花坐果期　此时不仅营养生长旺盛，生殖生长也逐渐增强，需要大量同化产物。因此，开花坐果期对温度的需要增高。尤其开花期对温度反应比较敏感，在开花前 5～9 天、开花当天、开花后 2～3 天时间内要求更为严格，白天生长适温为 20～28℃，夜间为 15～20℃，温度过低（15℃以下）或过高（35℃以上），都不利于花器的正常发育，导致不能开花或开花后授粉受精不良。

（6）结果期　结果期是樱桃番茄生长发育最旺盛时期，要求大量同化产物，是其一生需要温度最高时期。此时要求白天适温是 28～30℃，夜间 16～18℃，利于果实着色。

结果期应加大植株体内物质积累量，促使果实尽快膨大。在冬季生产中，夜温可以低于上述水平，最低可掌握在 7～8℃。降低夜温，加大昼夜温差，会推迟采收期，但能够提高单果重，生产上可以根据上市时间价格来决定如何操作。

2. 光照

樱桃番茄是喜光性蔬菜，在一定范围内，光照愈强，光合作用愈旺盛，生长愈好，产量愈高。反之，易造成营养不良而落花。一般来讲，每日光照时数为 8～16 小时。冬季保护地生产中，拉盖草苫时间时要考虑光照日数的要求。

樱桃番茄属于短日照植物，在由营养生长转向生殖生长，即花芽分化转变过程中基本要求短日照，但要求并不严格，多数品种在 11～13 小时的日照下开花较早。

光照充足，同化产物增加，有利生长发育。樱桃番茄要求光饱和点为70 000米烛光，一般也应保证30 000～35 000勒克斯以上的光强度，才能维持其正常的生长发育。苗期光照充足，有利花芽早分化及早显花。所以在冬季温室栽培中，应保持玻璃或塑料薄膜的清洁，逐渐加大苗距，改善苗受光条件，否则容易由于光照不良，同化产物减少，植株营养水平降低，造成大量落花，影响果实正常发育，降低产量。但是光照过强又会造成日烧病和病毒病的发生，如北京地区露地樱桃番茄到结果期时，果实因为病毒病造成的坏果现象较常见，日烧果病也常见，所以要适当采取遮荫措施，可用遮阳网在6～8月遮荫，降低照度，病毒病及日烧病等病害大大降低，提高产量。

樱桃番茄需要完整的太阳光谱，在玻璃或塑料薄膜覆盖下生长的植株，因缺乏紫外线等短光谱，容易徒长，一般较露地栽培的果实维生素含量低。

总之，樱桃番茄比较喜光，所以在栽培中必须经常保持良好的光照条件才能维持正常的生长发育，最终获得较高的经济产量。

3. 水分

樱桃番茄对水分的要求并非很多，属于半旱状态，其适宜的空气相对湿度为45％～50％，如果空气湿度过高，易引起多种真菌性、细菌性病害发生，也影响自花授粉、受精。

樱桃番茄对土壤湿度的要求在不同生育时期不同。苗期对土壤湿度要求不高，一般为65％左右，如果土壤含水量过大易造成幼苗徒长，根系发育不良。幼苗期为避免徒长和发生病害，应适当控制浇水。但进入结果期后，要求较高的土壤水分，如果土壤水分不足，势必会影响到单果重，因为果实含水量占95％左右。另外第一花序果实膨大生长后，枝叶迅速生长，茎叶繁茂，蒸腾作用较强，其蒸腾系数为800左右，需要增加水分供应，尤其盛果期需要大量水分供应，土壤含水量应达80％，故樱桃番茄应该栽培在有灌溉条件的地区。

如果土壤水分含量变化不均匀时，如忽干忽湿，容易形成裂果，影响果实的商品性，从而影响效益。

4. 土壤

樱桃番茄对土壤要求不严格，适应能力较强，最适宜在土层深厚，排水良好，富含有机质的肥沃土壤中生长。但应尽量避免在排水不良的黏壤土上种植，这种土壤易造成樱桃番茄生长不良。

樱桃番茄对土壤通气条件要求较高，因为植株的根系比较发达，主要根群分布在耕作层内，所以较疏松的土壤有利根系的发育，当土壤含氧量下降到2％左右时，植株就会枯死。

对土壤pH的要求以5.6～6.7之间为宜，即中性或弱酸性土壤。微碱性土壤中生长的幼苗，生长速度缓慢，但是植株长大后生长会良好，品质也较好。

5. 肥料

樱桃番茄在生长发育过程中，需要吸收大量的营养元素，如大量元素氮、磷、钾等以及一些微量元素。樱桃番茄对钾元素的需求量较大，其次是氮、磷元素。有资料表明，结果期对各元素的吸收比例如下：

氮（N）∶磷（P）∶钾（K）∶钙（Ca）∶镁（Mg）为1∶0.3∶1.8∶0.7∶0.2。

从上述比例可以看出：樱桃番茄对钾的需求量最大，其次是氮，然后是钙、磷、镁。

二、优良品种

樱桃番茄品种很多，目前以下品种表现较好：

1. 红太阳

杂交品种。植株生长属于无限生长型，中早熟。第一花序着生在第6～7节，花序间隔3节，叶绿色，果实成熟后果色变红，圆形果，果肉较多，口感酸甜适中，风味好，品质佳，抗病性强。单干或双干整枝，每穗作果最高可达60多个，平均单果重15克。该品种适宜于保护地冬、春、秋季栽培，密度每亩1 800～2 500株。

2. 丘比特

杂交品种。植株生长属于无限生长型，早熟。第一花序着生在第6～7节，花序间隔3节，叶绿色，果实成熟后果色变黄，圆形果，果肉较多，果皮薄，口感甜，品质佳，抗病性强。每穗坐果最高可达70多个，平均单果重14克。该品种适宜于保护地冬、春、秋季栽培，密度每亩1 800～2 500株。

3. 维纳斯

杂交品种。植株生长属于无限生长型，中早熟。第一花序着生在第6～7节，花序间隔3节，叶绿色，果实成熟后果色变橙黄，圆形果，果肉较多，果皮较薄，口感酸甜适度，风味好，品质佳，抗病性强。每穗坐果最高可达60个，平均单果重14克。该品种适宜于保护地冬、春、秋季栽培，密度每亩1 800～2 500株。

4. 北极星

杂交品种。植株生长属于无限生长型，中早熟。第一花序着生在第6~7节，花序间隔3节，叶绿色，果实成熟后果色变亮红，枣形果，果肉较多，口感酸甜适中，风味极佳，品质好，抗病性强，耐贮存。每穗坐果最高可达60多个，平均单果重14克。该品种适宜于保护地和露地栽培，密度每亩1 800~2 500株。

5. 新星

杂交品种。植株生长属于有限生长型，早熟。第一花序着生在第5~6节，花序间隔1~2节，植株长至6穗果时自封顶，果实成熟后果色变粉红，枣形果，不易裂果，果肉较多，酸甜适中，风味好，品质佳，抗病性强。每穗坐果可达30多个，平均单果重16克。该品种适宜于保护地和露地栽培，密度每亩1 800~2 500株。

6. 京丹1号

植株为无限生长类型，叶色浓绿，生长势强。第一花序着生于7~9节，每穗花序可结果15个以上，最多可结果60个以上。果高圆形，成熟果为红色，单果重15克。果味酸甜浓郁，平均糖度7度，最高可达9度。中早熟，春秋定植后50~60天开始收获；秋季从播种至开始收获90天。在高温和低温下坐果性好。适合于保护地高架栽培。

7. 京丹5号

由北京市农林科学院蔬菜研究中心选育的特色番茄，是抗裂果型樱桃番茄一代杂交种。无限生长，中熟偏早，坐果习性良好，果实长椭圆或枣形，成熟后亮丽艳红，视感佳。糖度高，风味浓，抗裂果。连续生长能力强，适宜保护地栽培，尤以长季节栽培最佳。

8. 串珠

由中国农科院蔬菜花卉研究所新近育成的樱桃番茄中的

一种新类型。果实椭圆形，果面光滑，果形美观，单果重为 10～15 克，大小均匀，幼果有浅绿色果肩，成熟果为鲜红色，色泽鲜艳。抗裂耐储，果肉脆嫩，风味浓郁，可溶性固形物高达 7％以上。

还有一些樱桃番茄优良品种表现也很好，请种植者根据栽培条件和气候特点来选用。

三、种植茬口和季节

樱桃番茄可以做到周年供应，由于全国各地气候条件差异很大，所以各地区的种植茬口也有所不同，以华北地区为例有以下几个茬口（表3）：

表3 华北地区樱桃番茄茬口安排表

栽培方式		播种时期	定植时期	始收期	拉秧期	备注
节能日光温室	秋冬茬	6月下旬至7月上旬	7月下旬至8月上旬	9～10月	12月底	
	冬春茬	12月上旬至12月下旬	1月下旬至2月上旬	3月下旬至4月中旬	6月下旬	
	秋冬春一大茬	9月上、中旬	10月下旬至11月下旬	1月中旬	6月中、下旬	连栋更好
加温温室	秋茬	8月上旬	9月中旬	11月下旬	1月下旬	
	春茬	10月下旬至11月上旬	1月上、中旬	4月	6月底	
塑料大棚	春茬	1月中旬至2月上旬	3月下旬	5月中旬	7月中旬	
	秋茬育苗	6月下旬至7月上旬	7月中旬至7月下旬	9月下旬至10月中旬	11月中旬	

（续）

栽培方式		播种时期	定植时期	始收期	拉秧期	备注
露地	春露地	1月下旬至 2月中旬	4月下旬	6月中旬	7月下旬	育苗
	越夏 栽培	3月中旬	5月中旬	7月上旬	9月中旬	冷凉地

请种植者根据当地气候条件和消费者需求来安排种植茬口。

四、栽培技术

要达到樱桃番茄优质高产主要有以下几项技术措施：选择地块确定品种、适期播种培育壮苗、整地定植和田间科学管理等。

1. 选择地块，确定品种

樱桃番茄对土壤条件要求不是非常严格的，但一般以中性或弱酸性土壤为宜。选择地块应该土层深厚、排水良好、富含有机质。

目前樱桃番茄新品种较少，但每个品种都有其独特的特征特性，如红太阳和维纳斯坐果率高、新星和北极星耐贮藏运输、丘比特外观漂亮等等，各地要根据消费者的需要和当地的气候特点来选择品种。

2. 适期播种，培育壮苗

各地根据定植时间确定播种期，一般要求播种期比定植期提前45～50天左右。以北京地区为例：春大棚在3月下旬定植，应在1月底播种育苗。育苗期间一般以日平均温度20℃为宜，有条件的地区育苗应在日光温室里进行，并且铺设地热线。采用草炭育苗块有利于培育壮苗，也可采用营养钵或育苗盘育苗，保持良好的光照条件和矿质营养，才能保证幼苗发育健壮。

为了保证出苗整齐一致，播种前可浸种催芽：通常采用温汤浸种，即将种子放入55℃温水中，不断搅动，使种子受热均匀，维持20～30分钟后捞出，之后再放入30℃水中浸泡3～5小时，待种子吸足水分，捞出催芽。催芽方法是：浸种后的种子沥干浮水，将湿种子用透气性良好、洁净的纱布包好，放入盘中，盖上双层潮毛巾，然后放在25～28℃的恒温箱中催芽。每天要用温水投洗1遍，控净浮水，再继续催芽。一般经过40小时左右便可发芽。种子露出1～2毫米的胚根后即可播种。

播种前先将育苗床土浇透，灌足底水，一般地床水深5～7厘米，要使8～10厘米土层含水达到饱和；如果是育苗盘播种，浇水达到盘下渗出水的程度为宜。播种时采用点播的方法：即播种时将出芽的种子均匀的点播在盘内（穴内），播种后覆土，厚度为5～8毫米为宜。覆土后，立即用塑料薄膜（地膜）将畦面或苗盘覆盖。

当幼苗长到"2叶1心"时间苗或分苗，每穴保留一株壮苗即可。

壮苗标准：苗高15～20厘米，展开叶节间等长，茎秆粗壮硬实，具有4～6片真叶，叶片厚，叶色深绿，有光泽、舒展，无病虫害。

3. 整地施肥与定植

要在定植前15天左右整地施肥，每亩施用腐熟、细碎的优质有机肥3 000千克以上或商品有机肥（膨化鸡粪）1 000～1 500千克。深耕细整后做成瓦垄高畦或小高畦，畦宽 1.4～1.6 米。畦做成后，及时扣上银灰色地膜。

定植技术：一般选取晴天上午进行定植，每畦栽两行，平均行距 70～80 厘米，株距 30～40 厘米，每亩定植 2 000～2 500 株。栽苗的深度以不埋过子叶为准，适当深栽可促进不定根发生。如遇徒长苗，秧苗较高，可采取卧栽法，将秧苗朝一个方向斜卧地下，埋入 2～3 片真叶无妨。定植后要及时浇水。

4. 田间的科学管理

樱桃番茄定植后既进入开花坐果期，生长特点是：植株由以营养生长为主过渡到以营养生长与生殖生长并进的生长发育状态。管理目标为促进缓苗、保花保果，使秧、果协调生长，争取早熟、高产。具体技术措施有以下几方面：

（1）温度管理 定植后 5～7 天，尽量提高温度，气温超过 30℃ 时才可放风。当看到幼苗生长点附近叶色变浅，表明已经缓苗，开始生长，白天 25～28℃、夜间 10～15℃ 为宜；开花以后可适当提温，白天最高不超过 30℃，最低夜间温度不低于 10℃；第一穗果进入膨大期后，昼夜温度掌握在 10～30℃ 之间；结果期降低夜温有利果实膨大，昼夜温差可加大到 15～20℃。

（2）科学浇水 樱桃番茄要注意水分的管理，定植成活后，灌水不宜过多，以保持畦土湿润稍干为宜。畦沟内不可有积水，防止忽干忽湿，以减少裂果及顶腐病的发生。在第一穗果实膨大期要浇一次催果水。以后根据实际情况确定浇水次数。以小水勤浇为宜，结果期维持土壤最大持水量的60%～80%，当新生叶尖清晨有水珠时，表明水分充足，幼叶清晨浓绿可考虑浇水，有条件最好安装滴灌设施。冬、春季地温偏低时可采取膜下暗灌的浇水方法。

（3）平衡施肥　追肥要在第一次果穗开始膨大时追第一次肥，即攻秧攻果肥，每亩开穴施用活性有机肥 200 千克，缺钾肥的地区可增施硫酸钾 10 千克。也可随水冲施或滴灌施用台湾农保赞有机液肥（1 号）1 升，或含量 30％的氮磷钾三元复合肥 20 千克，以后每隔 15 天左右追肥 1 次，施肥量与第一次相同。要本着"少吃多餐"、和"以有机肥为主、化肥为辅"的原则，均匀不断的供给植株充足、均匀的各种营养。生长期间每隔 7～10 天叶面喷肥 1 次，全生育期要喷5～8 次，可选用农保赞有机液肥（6 号）500 倍液或磷酸二氢钾 300 倍液喷施，也可选用其他有机液肥，但含钾量要偏高，并符合农业部无公害食品的要求。

（4）吊蔓整枝　多采用单干整枝的方式，当株高达 25厘米时，用银灰色塑料绳来吊蔓固定植株，及时去除侧枝和下部黄叶、老叶，长至预定植株高度时摘心，最上部果穗上留 3 片叶以上。生长期间要及时摘除植株下部的老叶和黄叶。以减少养分消耗和利于通风透光，当植株长至一定高度时要采取落秧措施，并且要采取多次，以延长结果采收期。

（5）增加光照　保护地种植要调节适宜的温度，冬春季节采取保温增温的措施，夏秋季节要采取多项措施降温。开花结果期以白天 23～30℃、夜间 12～15℃为宜。选用透光率高 EVA 农膜或高保温转光膜，经常保持膜面清洁，在日光温室的后墙挂反光膜，尽量增加光照的强度和时间；但在夏季中午的 11～15 时棚顶要覆盖遮阳网来遮光降温。

（6）二氧化碳施肥　保护地种植在结果期以后要采取人工二氧化碳施肥的措施，使设施内二氧化碳的浓度在 1 000毫克千克以上。在清晨太阳出来 1 小时左右，采用硫酸、碳铵反应法。在春、秋季各施用 40 天左右，其余时间加强通风换气。

（7）辅助授粉　采用人工振荡辅助授粉的措施能提高结实率，在晴天的上午 8～11 时，用竹竿或木棍轻轻敲打吊绳来促进授粉，如遇阴天可推迟到 10～13 时。

五、主要病虫害及防治

1. 病害防治

（1）番茄晚疫病　番茄晚疫病又称疫病，幼苗期和成株期均可发生，主要为害叶片和青果，也可为害茎部。淋雨或滴水、冷凉或昼夜温差大的栽培地或季节为害严重。叶片染病在叶尖或叶缘处出现污褐色湿润状近圆形病斑，似开水烫伤状，直径约 2～3 厘米，潮湿时在病健交界处长出一圈稀疏的白色霉层，许多病斑相连可使叶片霉烂变黑。叶柄、茎和果梗染病出现污褐色稍凹陷的不规则形或条状病斑，嫩茎被害可造成缢缩枯死，潮湿时亦长出白色霉层。果实多在未着色前染病，发病部位多从近果柄处开始，出现暗褐色不规则形病斑，逐渐向四周下端扩展呈云纹状，周缘没有明显界限，前期病部果肉质地硬实，果皮表面粗糙，颜色加深呈暗棕褐色，潮湿时亦长出白色霉层。

农业防治主要应采用遮雨栽培，并控制好温湿度，降低叶片结露时间。

药剂防治：发现病株，要立即拔除，集中用药。每亩用 45％百菌清烟剂熏烟或 5％百菌清粉尘剂 1 千克喷粉；还可用 72％杜邦克露 500 倍液，或 72.2％普力克水剂 600 倍液喷雾防治，每 7 天喷施 1 次，连喷 3～4 次。

（2）番茄早疫病　番茄早疫病又称轮纹病，全生长期均可发病，侵染叶、茎、果实各个部位，以叶片和茎叶分枝处最易发病。一般多从下部叶片开始发生，逐渐向上扩展。叶片上最初可见到深褐色小斑点，扩大后呈圆形或近圆形，外围有黄色或黄绿色的晕环。病斑灰褐色，有深褐色的同心轮纹，有时多个病斑连在一起，形成大形不规则病斑。茎叶分枝处发病，病斑椭圆形，稍凹陷，也有深褐色的同心轮纹，潮湿时，病斑表面生灰黑色霉状物。植株易从病处折断。幼苗在近地面茎基部生环状病斑，黑褐色，引起幼苗枯倒。果实发病先从果蒂裂缝处开始，在果蒂附近形成圆形或椭圆形暗褐病斑，表面凹陷，有轮纹，生黑色霉层，病果易开裂，提早变红。叶柄、果柄都可受害，病斑与叶、茎上的相同。番茄早疫病常易与番茄圆纹病相混，主要区别在于早疫病病斑轮纹表面有毛刺不平坦，圆纹病纹路较光滑。

农业防治主要应采用遮雨栽培，并控制好温湿度，合理密植，及时清除病果、病叶。

药剂防治：每亩用45％百菌清或10％速克灵烟剂200～250克熏烟防治。还可用70％代森锰锌500倍液，或50％多菌灵可湿性粉剂500倍液，或50％速克灵1 000倍液喷雾防治，每7天喷施1次，连喷3～4次。

（3）番茄灰霉病　主要为害青果和叶片。叶片受害一般先从叶尖开始，病斑呈"V"形，灰褐色，有轮纹，病斑逐渐扩大，并引起叶片枯死，表面生少量灰霉。果实染病，初期果皮变白、软腐，后期产生大量灰色霉层，呈水腐状。失水后果实僵化。

农业防治主要应采用遮雨栽培，覆盖地膜，降低棚内湿度，合理密植，及时清除病果、病叶。

药剂防治：定植前用50％速克灵1 500倍液或50％多菌灵500倍喷淋幼苗。发病初期保护地内阴、雨、雪天每亩用5％百菌清粉尘剂1 000克喷粉，每周1次，连用2～3次；晴天选用50％速克灵可湿性粉剂1 000～1 200倍液，或50％农利灵可湿性粉剂1 000倍液，或65％腐霉灵可湿性粉剂600～800倍液，或40％菌核净可湿性粉剂500倍液，或50％扑海因可湿性粉剂600～800倍液等药剂喷雾防治，每7～10天用药1次，连续3～4次。此外，还可结合番茄蘸花，在坐果生长素稀释液中加入1 000倍的50％速克灵或40％施佳乐溶液。

（4）番茄叶霉病　番茄叶霉病又称黑毛，主要为害番茄叶片，严重时也可侵染叶柄、茎、花和果实。被害时片正面出现椭圆形或不规则形淡绿色或淡黄色褪绿斑，直到整个叶片枯黄。叶背面形成近圆形或不规则形白色霉斑，病情严重时，霉斑布满叶背面，颜色变为灰紫色或墨绿色，引起全株叶片由下向上逐渐卷曲。果实被害，围绕果蒂部形成黑色硬质病斑，果蒂稍向下凹陷。花被害后发霉枯死。叶柄、嫩茎上症状与叶片相似。

农业防治主要应采用降低湿度，合理密植的方法。

药剂防治：发病初期用或10％世高水分散粒剂8 000倍液，或40％福星乳油8 000倍液，或50％翠贝水分散颗粒剂3 000倍液喷雾防治；也可用45％百菌清烟雾剂250～300克熏蒸；用5％百菌精粉尘剂或7％叶霉净粉尘剂每亩1千克进行喷粉防治，每7天防治1次，连续2～3次。

（5）番茄病毒病　番茄病毒病常见有花叶型、蕨叶型、条斑型3种。花叶型叶片上出现黄绿相间或深浅相间斑驳，叶脉透明，叶略有皱缩的不正常现象，病株较植株略矮。卷叶型叶脉间黄化，叶片边缘向上方弯曲，小叶呈球形，扭曲成螺旋状畸形，整个植株萎缩，有时丛生，染病早的，多不能开花结果。条斑型可发生在叶、茎、果上，病斑形状因发生部位不同而异，在叶片上为茶褐色的斑点或云纹，在茎蔓上为黑褐色斑块，变色部分仅处在表层组织，不深入茎、果内部，这种类型的症状往往是由烟草花叶病毒或其他病毒复合侵染引起，在高温与强光下易发生。

农业防治主要应采用种子消毒、减轻强光高温为害、隔离蚜虫等方法。

药剂防治：幼苗定植时喷 83 增抗剂 100 倍液，或高锰酸钾 1 000 倍液来进行预防。发病初期喷 1.5％植病灵乳剂 1 000 倍液，或 20％病毒 A 可湿性粉剂 500 倍液防治。发生卷叶时喷 10％双效灵水剂 200 倍液，促使叶片展开。

2. 主要虫害的防治

（1）根结线虫　主要为害番茄根部，使根部出现肿大畸形，呈鸡爪状。本病也有些在植株侧根及须根上造成许多大小不等近似球形的根结，使根部粗糙，形状不规则。剖开根结或肿大根体，在病体里可见乳白色或淡黄色雌虫体及卵块。番茄植株地上部表现为：发育不良、叶片黄化、植株矮小，其结果较少且小，产量低，果实品质差。干旱时，得病植株易萎蔫，直至整株枯死，损失严重。

农业防治主要应采用抗虫能力的仙客 1、2、6 号系列品种；采取嫁接或与辣味蔬菜轮作等方法，水旱轮作效果最好。

药剂防治：要保证药剂集中于 5～30 厘米深处，以提高防治效果。可在播种或定植前 15 天，选用 1.8％爱福丁每平方米 1.5 毫升的药量灌根；线克、10％克线磷、50％益舒宁、3％米乐尔等颗粒剂，拌均匀，撒施后再耕翻入土，每亩用药量 3～5 千克。也可采用条施或沟施，每亩施入上述药剂2~3.5千克，然后覆土踏实，形成药带。施药后应注意拌土，以防植株根部与药剂直接接触。定植后，可用线虫敌1 000倍药液灌根，每株药液不少于0.25千克，每亩用药量400毫升。连续灌3次。

秋大棚番茄的栽培全过程如果严格应用22目防虫网和黄板等物理防治技术，对病虫害的防治有极大的帮助作用。

（2）棉铃虫　以幼虫蛀食番茄植株的蕾、花、果和茎，并食害嫩茎、叶和芽。蕾受害后，苞叶张开，变成黄绿色，2~3天后脱落，幼果常被吃空或引起腐烂而脱落，成果被蛀后失去食用价值，造成严重减产。

5月上旬至9月下旬为卵孵化期，要严密监控，及时防治。综合防治包括：性诱芯诱杀成虫、灯光诱杀成虫、杨树枝把诱杀成虫、释放赤眼蜂等。

药剂防治：在产卵高峰期后3~4天，喷施高效Bt（16 000国际单位/毫克）可湿性粉剂1 000~2 000倍液，或20亿/毫升棉铃虫核型多角体病毒悬浮液，每亩50~60毫升。化学农药可用功夫2.5%乳油2 000~4 000倍液，快杀敌5%乳油3 000倍液，凯撒10.8%乳油5 000~7 500倍液，辛硫磷50%乳剂1 000倍液等。

（3）美洲斑潜蝇　为害为雌成虫在羽化后常常用产卵器在植物叶片上探刺，然后取食流出的汁液，雄虫也取食，探刺的地方留下小白点。幼虫在叶片的栅栏组织内钻蛀取食为害，形成隧道，损害叶片。

在保护地内可以采用黄板诱杀成虫，保护和释放天敌，种植不适宜的寄主植物拆桥断代，通风口设置防虫网阻止扩散，高温闷棚消灭残株上的虫源等措施。

药剂防治：抗生素药剂1.8%齐螨素（阿维菌素、爱福丁、虫螨克等）乳油 3 000 倍液喷雾，防效在 85％以上。植物性药剂，1.1％烟百素（绿浪 2 号）1 000～1 500 倍液喷雾，持效期可长达 20 天以上。化学药剂可选用 40％齐敌畏乳油（绿菜宝）1 000～1 500 倍液、或 20％康福多浓可溶剂 2 000 倍液，间隔 4～6 天 1 次，连续防治 4～5 次。防治成虫以上午 8 时施药最好，防治幼虫以 1～2 龄期施药最佳。以上各种药剂，应交替使用，防止产生抗药性。

（4）白粉虱　成虫和若虫吸食植物汁液，被害叶片褪绿、变黄、萎蔫，甚至全株枯死。该虫繁殖力强，种群增长快，群聚为害，并分泌大量蜜露，严重污染叶片和果实，常引起煤污病的大发生。

应采用黄板诱杀、保护自然天敌、释放丽蚜小蜂、通风口设置防虫网等综合措施。

药剂防治：采用生物农药"生物肥皂"50～100 倍液或 5％天然除虫菊 1 000 倍液喷雾效果较好；化学药剂可选用 25％扑虱灵可湿性粉剂 1 500 倍液加 2.5％天王星乳油 3 000 倍液混合喷雾，或 40％康福多水溶剂 3 000～4 000 倍液。

（5）蚜虫　刺吸植株汁液，造成叶片卷缩变形，影响植株的正常生长。传播病毒病，造成间接为害，往往大于直接为害。

可以采用在风口、门口安装防虫网阻隔进入、黄板诱杀成虫、用银灰色吊绳来固定植株、悬挂银灰膜条避蚜和保护和繁殖释放天敌食蚜瘿蚊等措施来减少虫量。

药剂防治：采用生物农药 5％天然除虫菊 1 000 倍液，或 50％抗蚜威（辟蚜雾）可湿性粉剂 2 500～3 000 倍液，或 10％吡虫啉 1 000 倍液，也可使用 20％康福多水溶剂 3 000～4 000 倍液喷雾防治。

3. 生理性病害的发生原因和预防

番茄果实发育的生理性病害是栽培中存在的主要问题之一。常见的生理性病害有畸形果、空洞果、顶腐病、裂果、筋腐病、日烧病等，对产品质量影响很大。

（1）畸形果　畸形果主要产生于花芽分化及发育时期，即在低温、多肥（特别是氮素过多）、水分及光照充足下，生长点部位营养积累过多，正在发育的花芽细胞分裂过旺，心室数目过多，开花后由于各心室发育的不均衡而形成多心室的畸形果。畸形果中的顶裂型或横裂型果实，主要是由于花芽发育时不良条件抑制了钙素向花器的运转而造成。另外，因为果实生长先是以纵向生长为主，以后逐渐横向肥大生长，所以，植株在营养不良条件下发育的果实往往是尖顶的畸形果，为防止畸形果的发生，育苗期间温度不宜控制过低，水分及营养必须调节适宜。

（2）空洞果　即果实的果肉不饱满，胎座组织生长不充实，种子腔成为空洞，严重影响果实的重量和品质。受精不良，使用生长调节剂浓度过高等，均容易产生空洞果。此外，在果实生长期间，温度过高，阳光不足，或施用氮肥过多，营养生长过旺，果实碳水化合物积累少等，也会形成空洞果。在栽培中应加强管理，提高环境控制技术，为果实生长创造适宜条件，避免空洞果发生。

（3）顶腐病　又称脐腐病，在果实顶部发生黑褐色的病斑，在阴雨天气或空气湿度大时则发生腐烂。它是由于果实缺钙而引起的生理病害。造成果实内缺钙的原因：一是土壤缺钙；二是土壤干燥、土壤溶液浓度过高，特别是钾、镁、铵态氮过多，影响植株对钙的吸收；三是在高温干燥条件下钙在植物体内运转速度缓慢。为防止顶腐病，可多施有机肥，酸性土壤应施用石灰调节，保持适宜的土壤溶液浓度，适当控制铵态氮的用量。尽量避免土温过高及土温的激烈变化。供水要均匀，防止忽干忽湿。在结果期，可用0.5％氯化钙喷新叶及新长出的花序，以补充钙的含量。

（4）裂果　在果实发育后期容易出现裂果。裂果现象有环状开裂和放射状开裂。裂果的主要原因是：果实生长前期土壤干旱，果实生长缓慢，遇到降雨或浇大水，果肉组织迅速膨大生长，果皮不能相适应地增长，引起开裂。为防止裂果产生，除注意选择不易裂果的品种外，在栽培管理上，应注意增施有机肥，合理浇水，浇水均匀，避免果实受强光直射。

（5）筋腐病　是果实膨大期的生理病害，主要原因为C/N失调。从发病症状可分两种类型：褐变型和白化型。前者果实内维管束及其周围组织褐变，后者果皮或果壁硬化、发白。两种类型的发病条件相似，是多种不良条件诱发的病害。为防止筋腐病的发生，特别应注意肥料的使用，适当增施钾肥，氮肥施用以硝态氮为主等。可用喷施蔗糖溶液的方法缓解病情。

（6）日烧病　在夏季高温季节，由于强光直射，果肩部分温度上升，部分组织烫伤、枯死，产生日烧病。日烧病的为害，品种间差异较大。叶面积较小，果实暴露或果皮薄的品种易发病。为防止日烧病，应在结果期避免果实的日灼，绑秧时将果穗配置在架内叶荫处。适当增施钾肥可增强其抗性。

第四讲　樱桃萝卜栽培技术

一、特点

樱桃萝卜（*Raphanus sativus* var. *radculus* Pers.）又

名西洋萝卜、微型小红萝卜、四季萝卜等，十字花科，属一年生草本植物，是萝卜的小型品种。肉质根一般只有拇指大，入土或裸露。形状有圆球形、椭圆形、橄榄形、棒锤形等。表皮有红色、淡红色或白色，肉质白色；根颈部有绿色或红色；叶绿色，多为板叶，少数品种有裂叶；茸毛少或无；叶脉为绿色，间有淡紫色；叶柄有红、绿或紫色等；花白色或淡紫色。

樱桃萝卜具有生长迅速，品质细嫩，外形、色泽美观等特点。可口、甘甜、爽脆，几乎没有辛辣味，以生食为主。樱桃萝卜含较高的水分，维生素 C 含量是番茄的 3～4 倍，含有各种矿物质、微量元素和维生素，含淀粉酶、葡萄糖、胆碱、芥子油等多种成分。樱桃萝卜具有通气宽胸、健胃消食、止咳化痰、除燥生津、解毒散淤、止泻、利尿等功效，生吃有促进肠胃蠕动、增进食欲、助消化的作用，老年人和儿童宜多吃樱桃萝卜。另外，萝卜生吃可防癌。

樱桃萝卜食用方法很多，最好生食或蘸甜面酱吃，可红烧、炒食、凉拌、做馅、做汤、腌制等，做中西餐配菜也别具风味。樱桃萝卜有不错的解油腻的效果。萝卜缨的营养价值在很多方面都高于根，维生素 C 的含量比根高近 2 倍，矿物质元素中的钙、镁、铁、锌等含量高出根 3～10 倍。因此，吃萝卜的同时，可千万别随手扔掉它。萝卜缨的食用方法与根基本相同，切碎和肉末一同炒食，味道非常鲜美。

樱桃萝卜虽然好吃有营养，但食用时还是要注意，不宜与人参同食，另外要错开与水果食用的时间。因为樱桃萝卜与水果同食易诱发和导致甲状腺肿大。

二、环境要求

樱桃萝卜为半耐寒性蔬菜，种子在 2～3℃时开始发芽，适宜发芽温度为 20～25℃。幼苗期能耐 25℃左右的高温，也能耐－3～－2℃的低温。茎叶生长的温度范围比肉质根生长的温度范围广些，约为 5～25℃，生长适宜温度 15～20℃；肉质根生长的温度范围 9～23℃，适宜温度 18～20℃。温度低于 6℃，植株生长微弱，肉质根膨大停止；长期在 6℃以下，易通过春化阶段，造成先期抽薹现象；当温度低于－2～－1℃时肉质根遭受冻害；高于 25℃，呼吸作用消耗增多，有机物积累减少，植株生长衰弱，肉质根纤维多，口感稍辣，品质差。

樱桃萝卜在营养生长时期需要较长时间的强光照。光照充足，植株健壮，光合作用强，物质积累多，肉质根膨大快，产量高；光照不足或因株行距过密而使植株得不到充足的光照，就会影响光合产物的积累，肉质根的膨大缓慢，产量降低，品质变劣。所以，播种樱桃萝卜要选择开阔的菜田，合理密植，提高单位面积的产量。

土壤水分是影响樱桃萝卜产量和品质的重要外界因素。适于肉质根生长的土壤有效含水量为 65%～80%；水分不足时，会影响肉质根中干物质的形成，造成减产。樱桃萝卜在不同生长期的需水量有较大差异。在发芽期和幼苗期需水不多，只需保证种子发芽对水分的要求即可。在叶片生长盛期，叶片旺盛生长，肉质根也逐渐膨大，要适当控制灌水，进行蹲苗。在肉质根形成期，一定要保证足够的水分供应。如果土壤缺水，则肉质根膨大受阻，表皮粗糙，辣味增加，糖和维生素 C 含量降低，易糠心，须根多；长期干旱，肉质根生长缓慢，须根增加，产量下降。但是，如果土壤含水量过高，则通气不良，肉质根皮孔加大，表皮粗糙，商品品质下降。如土壤干湿不均，易造成裂根。

樱桃萝卜对土壤适应性较广，但以富含腐殖质、土层深厚、排水良好、疏松透气的沙质土壤为宜。土质黏重，萝卜表皮不光洁。耕土层过浅、过硬，则易发生畸形根。适宜的 pH 为 5～8。樱桃萝卜喜钾肥，在氮，磷肥适量的条件下，多施钾肥可以提高产量，而且能增加肉质根中还原糖的含量，改善品质。

三、优良品种

应选择肉质根膨大速度整齐、形状周正、须根少、色泽艳丽、肉质甜润爽脆、口感好，叶片嫩绿，商品性好，丰产、抗病、易管理，同时深受广大菜农和消费者喜爱的品种。

1. 红元 1 号和 2 号

北京市北农种业有限公司开发的品种。早熟，萝卜圆形，红色，直径 2.5～3.5 厘米，根叶均可食用，口感甜脆。成熟时 4～5 片叶，生长期 20～30 天，生长适温 18～25℃。行距 10 厘米，株距 3 厘米。

2. 红铃

日本引进的小萝卜品种。品质细嫩、生长迅速、色泽美观，肉质根圆形，直径 2～3 厘米，单根重 20 克左右，外皮红色，肉质白。根型整齐，不裂球，耐糠心，叶簇紧凑，水洗后颜色不变，从播种到收获需 20 天左右。此品种可周年种植，夏季种植应采取遮阳措施。

3. 荷兰红玉

从播种到采收 25～30 天左右，叶片脆嫩细软，肉质根算盘珠形，皮薄而鲜红，白色肉质，细嫩多汁，单球根重 15～20 克，5 片叶时即可上市，亩产可达 1 500～2 000

千克。

4. 红爵士

来自北京圣华德丰种子有限公司。进口杂交小型萝卜品种，特别适宜冬季及早春种植。植株叶片短小，翠绿，果实圆球形，表皮光滑鲜红色，单株重 20～25 克，肉质雪白细腻，根形整齐度好，细小，几乎看不到侧根，不裂球，耐糠心，水洗后颜色不变，20～25 天左右可收获，高产耐病。

5. 玉笋

圆锥形，皮肉均为白色，长 8～15 厘米，直径 1.5～2.5 厘米。根和叶都可食用，口感甜脆，品质佳。生长期 25～40 天，生长适温 18～25℃。壤土高畦播种或沙壤土平畦播种，行距 15 厘米，株距 4 厘米。根膨大期注意保持土壤湿润。

6. 白元

北京市北农种业有限公司开发的品种。早熟，萝卜圆形，白皮白肉，直径 2.5～3.5 厘米，根叶均可食用，口感甜脆。生长期 25～35 天。生长适温 18～25℃。行距 10 厘米，株距 3 厘米。

7. 荷兰白玉

从播种到采收 25～35 天左右，叶片脆嫩细软，肉质根呈算盘珠形，皮薄，白色，肉质细嫩多汁。单根重 15～20 克，5 片叶时即可上市，亩产达 1 500～2 000 千克。亩用种量 1 千克左右。

8. 京白一号

北京市北农种业有限公司开发的杂交一代小型萝卜品种。中熟，根圆柱形，皮肉均为白色，长 8～15 厘米，直径 3～5 厘米，根和叶都可食用，叶可腌制，根可生食、熟食、腌制等，口感甜脆，品质佳，最适宜沾酱鲜食。生长期40～50 天。适宜在壤土高畦播种，沙壤土可平畦播种，行距 30 厘米，株距 10 厘米。根膨大期注意保持土壤湿润。

9. 京彩一号

北京市北农种业有限公司开发的小型萝卜品种。早熟，萝卜似圆柱形，上红下白，长 5～8 厘米，直径 1.5～2 厘米，根叶均可食用，口感甜脆。成熟时 4～5 片叶，生长期20～30 天。行距 10 厘米，株距 3 厘米。肉质根膨大期小水勤浇，保持土壤湿润。

10. 京彩 2 号

北京市北农种业有限公司开发的小型萝卜品种，早熟，萝卜圆形，上红下白，直径 2.5～3.5 厘米，根叶均可食用，口感甜脆。成熟时 4～5 片叶，生长期 20～30 天。生长适温18～25℃。行距 10 厘米，株距 3 厘米。

四、栽培技术

1. 茬口安排

樱桃萝卜生长迅速，基本可以全年种植，高温季节生产时品质相对稍差，一定要遮阳降温。一般 11 月中下旬开始至 1 月初陆续播种，种植后 50～60 天收获，可以供应元旦至春节前后市场，经济效益非常可观。另外，在倒茬腾地时也可抢种一茬樱桃萝卜。2～4 月份陆续播种，播种后 25～30 天即可收获，因此套种在黄瓜、番茄等作物的垄间，日光温室前沿种植不了高秧作物之处，均可有效提高土地利用率，增加整体效益。

2. 整地做畦

种植前要做好施基肥、翻地、做畦、杀菌等准备工作。

一般种植地块要施入充分腐熟的农家肥 3～5 立方米，氮磷钾复合肥 60～70 千克。地块要深翻、细耙、搂平，翻耙深度 25 厘米左右。肉质根为圆形的樱桃萝卜一般平畦播种，畦宽 1.5 米左右；肉质根为长形的樱桃萝卜一般小高垄播种，垄宽 30 厘米，垄高 15 厘米，最后地面喷洒 1 000 倍多菌灵或甲基托布津药液灭菌。若耕翻太浅或心土坚实，萝卜肉质根会生长不良，易发生变形根。

3. 播种

萝卜比较耐寒，气温稳定在 8℃ 以上时即可播种。干子直播即可。一般选晴暖天气的上午播种。多采用条播，种子较贵的品种可进行穴播。先浇水，水量以湿透 10 厘米土层为准。待水渗下后开沟条播。行距 10～15 厘米，开沟深 0.8～1 厘米，撒种或点种，播种时种子要均匀撒开，覆土 1～1.5 厘米，轻轻镇压一下，保证种子拱土有劲，出苗齐而壮。也可起垄种植，垄宽 30 厘米，垄上开沟种 2 行。穴播的株距控制在 3～4 厘米，虽然播种时麻烦一些，但可以精准控制株距，节约种子，后期不用间苗，可降低生产成本。亩用种量 0.5～1 千克。播种后要浇足水。

4. 田间管理

樱桃萝卜整个生育期要特别注意温度、光照、水肥等方面的综合协调管理，以便提高群体产量和质量，从而达到丰产增收的目的。

（1）温度　播种后保证苗床内白天温度达到 25℃，夜间最低温不低于 7～8℃。保护地生产通过放风和揭盖草苫来调节温度。齐苗后，除阴天外，均应在白天适量通风，控制白天温度为 18～20℃，夜间温度为 8～12℃，此期防止温度过高造成幼苗徒长，成为"高脚苗"。在幼苗 2 叶 1 心时，加大通风量，控制叶丛生长，促进直根膨大，温度不宜过高，白天20℃左右为宜，夜间10℃左右。播种期早、保温性差的设施樱桃萝卜应注意防寒。0℃会发生冻害，长期处在8℃以下的低温环境中，樱桃萝卜会通过春化阶段，从而发生先期抽薹现象，降低产品的品质。在管理上应及时揭盖草苫子，在寒流侵袭或连续阴雪天时应增加覆盖物。播种期较晚的春萝卜，后期外界气温升高，设施内温度过高，应及时通风降温，适当遮阳降温，保证气温不超过25℃。如果长期处在高温环境中，萝卜易糠心，粗纤维增多，辣味变浓，从而降低产品品质。

（2）水肥　微型萝卜由于生长期短，生长过程一般不追肥。水分管理比较严格，应时刻注意土壤墒情，保持田间湿润，不要过干或过湿，浇水要均衡。土壤有效含水量为65％～80％、空气相对湿度在80％～90％为宜。叶片旺盛生长期，要适当控制水分。直根破肚时，要浇够破肚水，肉质根膨大期要保持土壤湿润，防止土壤忽干忽湿。在寒冷的冬季，温室、大棚中塑料薄膜密闭，温度低，蒸发量小，土壤不易干旱，在足够底水的情况下，于萝卜膨大前浇1次大水即可，浇水过多，降低地温，反而有害。春秋大棚栽培全生育期浇2～3次水，露地栽培的应根据不同田间情况适时浇水，一般浇3～5次。浇水一定要均匀，否则膨大不整齐，缺水时生长慢，主根粗，须根多。如浇水不及时，还使裂根和畸形根增多。收获前5～6天停止浇水。

（3）间苗定苗　播种后2～3天樱桃萝卜即可发芽出土。播后5～6天需查苗一次，如缺苗断垄应立即补种。要早间苗，分次间苗。第一次间苗在子叶充分展开，真叶露心时进行，保留子叶正常的苗；第二次在真叶2～3片时进行，间

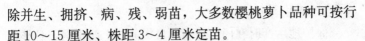

除并生、拥挤、病、残、弱苗，大多数樱桃萝卜品种可按行距 10～15 厘米、株距 3～4 厘米定苗。

（4）中耕除草　出土时如地面有干裂缝，可覆 0.5 厘米厚的细土。结合间苗定苗进行中耕除草 1～2 次，以疏松土壤，提高地温，保证墒情。采用划锄，避免伤根。

5. 采收

樱桃萝卜播种后约 25～50 天即可收获。选充分长大的植株拔收，留下较小的和未长成的植株继续生长。采收要及时，采收过早，产量低，效益差；采收过晚，纤维增多，易产生裂根、糠心，商品性差。圆形萝卜当肉质根直径达 2.5～3.0 厘米，叶片达到 4～5 片即可陆续采收，玉笋萝卜在肉质根直径达到 1.5～2 厘米可陆续采收，京白 1 号肉质根直径达 4.5 厘米左右可陆续采收。

越冬栽培中，以元旦前和春节前上市价格最高，因此，应集中在此期多采收。由于冬季保护设施中温度较低，湿度大，不易糠心，所以适当晚采收有利于提高产量。收获时注意防止碰伤肉质根。每收获 1 次，可根据墒情适量补水，以促进未熟的继续生长。采收后带叶洗净，整理包装后上市。樱桃萝卜适宜的贮藏温度为 1～2℃，空气湿度在 95％ 左右。

五、主要病虫害及防治

樱桃萝卜生产快，只要保证田间通风，管理适当，很少发生病害，在气温相对较高时要注意防治虫害。在病虫害防治上，要预防为主、综合防治，优先采用农业防治、物理防治、生物防治，结合科学合理地化学防治，达到生产安全、优质的无公害樱桃萝卜的目的。禁止使用高毒、高残留农药。

1. 蚜虫

保护地生产时在门口和通风口提前扣上防虫网，悬挂黄板，安装杀虫灯等措施可有效防止蚜虫发生。药剂防治可用10％吡虫啉可湿性粉剂1 500倍液，或25％阿克泰水分散粒剂5 000～10 000倍液，或2.5％天王星乳油2 500～3 000倍液，或40％康福多水溶剂3 000～4 000倍液，或1％苦参素水剂800～1 000倍液，或3％莫比朗乳油1 000～2 000倍液，或10％多来宝悬浮剂1 500～2 000倍液，或2.5％保得乳油2 500～3 000倍液喷雾防治。

2. 菜青虫

用Bt乳剂200倍液，或5％抑太保乳油1 000～1 500倍液，或2.5％功夫乳油2 000倍液，或5％卡死克乳油1 000～1 500倍液，或1.8％阿维菌素乳油2 500～3 000倍液，或3％莫比朗乳油1 000～2 000倍液，或10％多来宝悬浮剂1 500～2 000倍液喷雾防治。

3. 黑腐病

防止种子带菌，播种前可用温汤浸种或药剂处理。与非十字花科作物实行1～2年的轮作。用50％福美双1.25千克，或用65％代森锌0.5～0.75千克，加细土10～12千克，沟施或穴施入播种行内，可消灭土中的病菌。加强田间管理，施足腐熟的有机肥，合理密植，拔除病苗，适当浇水，减少机械伤口等，均可减轻病害发生。药剂防治在发病初期用47％加瑞农可湿性粉剂600～800倍液，或65％代森锌500倍液，农用链霉素或新植霉素5 000倍液，氯霉素2 000～3 000倍液，50％福美双500倍液，或77％可杀得可湿性粉剂500倍液喷雾防治，7～10天防治1次，视病情防治1～2次。

第五讲 西兰花栽培技术

一、特点

西兰花（*Brassica oleracea* Linnaeus var. *botrytis* Linnaeus）又名绿菜花、青花菜，属十字花科芸薹属甘蓝种的一个变种，以绿色花球供食用。因其风味好，营养价值高，深受国内外消费者的喜爱。西兰花原产欧洲地中海沿岸的意大利一带，19 世纪末传入中国，以秋、冬季栽培为主，春季也可栽培，夏季栽培较困难。

西兰花营养丰富，每 100 克鲜菜花中含蛋白质为 4.1 克、脂肪 0.6 克、膳食纤维 1.6 克、糖类 4.3 克、胡萝卜素 7 210.0 毫克、维生素 Λ 1 202.0 毫克、维生素 C 51.0 毫克、维生素 E 0.91 毫克、钙 67.0 毫克。西兰花的蛋白质含量是白菜花的 2 倍，维生素 A 含量是白菜花的 240 倍、是番茄 6 倍，钙的含量是番茄的 2 倍。尤其是西兰花叶酸含量丰富，这也是它营养价值高于一般蔬菜的一个重要原因。此外，西兰花中的矿物质成分比其他蔬菜更全面，钙、磷、铁、钾、锌、锰等含量都很丰富，比同属于十字花科的白菜花高出很多，由此说明西兰花的营养价值非常高。

另外，西兰花含有的硫葡萄糖甙可以起到有效的抗癌作用。美国约翰霍普金斯大学医学院实验室发现西兰花含有大量的异硫氰酸盐，并且这些异硫氰酸盐可激活人体自身的抗癌物质。这种酶能中和可疑致癌物质，防止致癌物质破坏健康细胞内的遗传因子。日本国家癌症研究中心公布的抗癌蔬菜排行榜上，西兰花名列前茅。美国《营养学》杂志上，也刊登了西兰花能够有效预防前列腺癌的研究成果。

除了抗癌以外，西兰花还含有丰富的抗坏血酸，能够增强肝脏的解毒能力，提高机体免疫力。而其中一定量的类黄酮物质，则对高血压、心脏病有调节和预防的作用。同时，西兰花属于高纤维蔬菜，能有效降低肠胃对葡萄糖的吸收，降低血糖，有效控制糖尿病的病情。

西兰花食用方法多样，主要供西餐配菜或做色拉。对于大部分中国人来说，西兰花大部分为清炒或蒜茸炒。国外在西兰花的吃法上主要是拌沙拉，或煮后作为配菜，这样避免了高温加热中的营养损失，对健康更为有利。习惯吃热菜的人，也可以将它与肉类、鸡蛋或虾仁搭配炒着吃。

二、环境要求

西兰花对环境的要求不十分严格，但在生长过程中喜欢充足的光照。西兰花喜冷凉气候，在 5～20℃ 范围内，温度越高，西兰花的生长发育越快，生长适温在 10～24℃，花球生长适温在 15～18℃，高于 25℃ 花球发育不良，低于 8℃ 生长缓慢，能耐短时间 −1℃ 低温。西兰花在整个生长过程中需水量较大，尤其是叶片旺盛生长和花球形成期更不能缺水，即使是短期干旱，也会造成减产，花球形成期田间持水量 70%～80% 左右才能满足生长需要。西兰花适宜在排灌良好、耕层深厚、土质疏松肥沃、保水保肥力强的壤土和沙质壤土上种植，土壤 pH 为 6 最好。在整个生长过程中，西兰花需要充足的肥料，其 N：P：K 为 14：5：8 为宜。在花球发育过程中，西兰花对硼、钼、镁等微量元素的需要量也较多。

三、主要品种

1. 优秀

日本坂田公司生产。主侧花球兼用，株高、开展度均为65～70厘米，叶宽披针形，灰绿、微皱，花球颜色鲜绿、蕾粒细致、不易空心、耐热、抗旱、抗寒、抗病性强，花球遇寒变紫，适种期宽。

2. 蔓陀绿

荷兰先正达公司生产。顶花球专用，株高、开展度70～75厘米，叶卵圆形、灰绿、微皱，花球颜色鲜绿、蕾粒细致、易空心，抗病性强，耐热、抗旱、抗寒性差，花球遇寒、遇旱极易变紫，适种期窄，不宜做脱水蔬菜脱水加工。

3. 绿雄 90

日本 TOKITA 公司生产。顶花球专用，株高、开展度75～80厘米，叶宽披针形、深绿、微皱，花球颜色鲜绿、蕾粒细致、不易空心，抗寒、抗病性强，耐热、抗旱性差，不抗黑腐病，花球在土壤湿度低情况下遇寒易变紫，适种期窄。

4. 绿雄 95

日本 TOKITA 公司生产。除生育期比绿雄 90 稍长外，其他性状与绿雄 90 相同。

5. 圣绿

日本野崎公司生产。主侧花球兼用，株高、开展度75～80厘米，叶宽披针形、鲜绿、皱缩，花球颜色鲜绿、蕾粒细致、较易空心，抗寒性强，花球遇寒不变紫，耐热、抗旱、抗病性差，常年褐茎病发生率50%，不宜做脱水蔬菜脱水加工。

6. 超力

日本泷井公司生产。主侧花球兼用,株高、开展度75~80厘米,叶狭长形、鲜绿、皱缩,花球颜色鲜绿、蕾粒细致、不易空心,抗寒性强,花球遇寒不变紫、耐热、抗旱、抗病性差,常年褐茎病发生率30%。

7. 绿带子

中熟品种,单球重约500克,长势旺,品质好,半圆形,主侧花球兼用,肥水多时易空心,高温多雨易出现满天星,花球遇寒易变紫色。

四、栽培技术

1. 茬口安排

西兰花喜温和凉爽,以秋、冬季栽培为主,春季也可栽培,夏季栽培较困难。按栽培季节不同分为秋冬季西兰花(夏秋季播种、冬春季采收)和春西兰花(冬春季播种、春夏季采收)。西兰花茬口安排如表4:

表4 西兰花茬口安排表

茬次	播种育苗	苗龄	定植期	采收期
日光温室早春茬	1月上中旬	30~40天	2月中旬	4月中下旬
日光温室秋冬茬	8月下旬	25~30天	9月中下旬	11月下旬
塑料大棚春茬	1月下旬	30~40天	3月下旬至4月上旬	6月初
塑料大棚秋茬	6月下旬	25~30天	7月中下旬	9月上旬

2. 培育壮苗

采用穴盘或营养块育苗。苗床选用畦面平坦的育苗畦,采用穴盘育苗,以草炭和蛭石为基质,配比为2:1,每立方米加 50％多菌灵 100 克，施入一定数量的腐熟、细碎有机肥或三元复合肥。播种时要浇透底水后播种，种子平放芽朝下，覆基质 1～1.5 厘米厚，上面可盖地膜以保温保湿，待芽出土时揭去。

壮苗标准为：叶龄 4～5 片，秧龄 25～35 天，根系发达，须根多，叶大而厚，深绿色，高 10～15 厘米，节间紧密。

3. 定植

定植前 5～7 天整地，深耕细作，结合整地，亩施充分腐熟的有机肥 1 500～2 000 千克或烘干鸡粪 2 000 千克，硫酸钾复合肥 25 千克，硼砂 2～3 千克。旋耕后做高 12～15 厘米、宽 50～60 厘米的小高畦，双行栽植，行距 40～50 厘米，株距 40 厘米，亩定植密度 3 300～3 500 株。定植前浇透苗，取苗时注意不要伤根，栽苗不宜太深，定植后及时浇定植水。

4. 肥水管理

肥水管理的重点在于前期，应促进植株迅速长大。西兰花喜肥，其根系主要分布在表土层，对深层土壤的养分利用率不高。定植后 15～20 天追第一次肥，亩施尿素 10～15 千克、磷酸二铵 15 千克、硫酸钾 10 千克。顶花现蕾时追第二次肥，亩施磷酸二铵 10 千克、硫酸钾 5 千克。第三次追肥在花球发育期，每亩随水追施复合肥或磷酸二铵＋硫酸钾 20 千克。花球形成以前可叶面喷施 0.05％～0.10％的硼砂溶液和钼酸铵溶液。花球形成以后喷高美施或喷施宝 1 次。以提高花球质量，减少黄蕾、焦蕾的发生。西兰花对硼、镁、钼等微量元素吸收较大，缺硼会影响产量及降低品质，所以增施微量元素可保证西兰花高产、优质。

西兰花需肥水量较大，不耐旱也不耐涝，整个生育期要保持土壤见干见湿，特别在西兰花收获期，需保证水分供应。

5. 植株调整

西兰花以收主花球为主，故长出的侧芽要及时人工去除，以免影响主球营养，降低主球产量。西兰花壮苗应及时摘除侧枝，弱苗待侧枝长到 5 厘米左右时再摘除，以增加光合面积，促进植株生长发育。对顶花球专用品种，在花球采收前，应摘除侧芽；顶侧花球兼用品种，侧枝抽生较多，一般选留健壮侧枝 3～4 个，抹掉细弱侧枝，可减少养分消耗。

6. 收获

收获标准：花球直径 12～15 厘米，花蕾粒整齐一致，不散球，不开花，花蕾紧凑。

采收方法：以花球为主要采收对象，在花与茎交接处以下 2 厘米左右割下，收获后不宜存放，应及时上市；以花球、花茎为共同采收对象，可在花茎交接处以下 5 厘米处割下；采收顶花球为主的品种应尽量让主花球充分长大；对于侧花球发达品种，顶花球适当早采，以促进侧花球生长。

若在采收前 1～2 天灌 1 次水，可提高产品质量和产量，并且还有助于延长贮藏时间。

五、主要病虫害及防治

1. 霜霉病

霜霉病病原 ［*Peronospora parasitica* var. *brassicae* (Pets.) Fr.］称寄生霜霉芸苔属变种甘蓝类型，属卵菌。菌丝无色，不具隔膜，蔓延于细胞间，靠吸器伸入细胞里吸收水分和营养，吸器圆形至梨形或棍棒状。

（1）传播途径和发病条件 北方西兰花种植区春、秋两季西兰花的初侵染源分别来自越冬、越夏活体寄主上的菌丝体或卵孢子；气温 16～20℃，相对湿度大或植株表面有水滴条件下，该病易发生，春季发病较秋季重。花梗抽出及花球形成期或反季节栽培时遇有阴雨连绵、气温低易发病。

（2）症状 西兰花叶片染病，下部叶片出现边缘不明显的受叶脉限制的黄色斑，呈多角形或不规则形，有的在叶面产生稍凹陷的紫褐色或灰黑色不规则病斑，生有黑褐色污点，潮湿时叶背可见稀疏的白霉，叶背面病斑上，也有明显的黑褐色斑点，略突起，上有白色霉层，严重的叶片枯黄脱落；花梗染病，病部易折倒，影响结实。

（3）防治方法 ①选择抗病品种；②适期适时早播；③实行 2 年以上轮作；④前茬收获后清除病叶及时深翻；⑤合理密植，加强田间管理，平整土地，施足基肥，早间苗，晚定苗，适期蹲苗；⑥适时追肥，定期喷施增产菌，每亩 30 毫升对水 5 升，或云大-120 植物生长调节剂 3 000 倍液，以防早衰，增强寄主的抗病力。

2. 褐斑病

褐斑病病原〔*Alternaria brassicae*（Berk.）Sacc〕称芸苔链格孢，属半知菌类真菌。除侵染甘蓝外，还可侵染油菜、芜菁及油菜。

（1）症状 西兰花褐斑病又称黑斑病，主要为害叶片、花球和种荚。下部老叶先发病，初在叶片正面或背面生圆形或近圆形病斑，褐色至黑褐色，略带同心轮纹，有的四周现黄色晕圈，湿度大时长出灰黑色霉层，即病菌分生孢子梗和分生孢子；严重的叶片枯黄脱落，新长出的叶也生病斑；花球和种荚染病，发病部位可见黑色煤烟状霉层。一般在生长中、后期，遇连雨天气，或肥力不足时发病重。

（2）传播途径和发病条件　以菌丝体或分生孢子在土壤中、病残体上、留种株上及种子表面越冬，成为翌年初侵染源。分生孢子借气流传播，进行再侵染使病害蔓延。病菌在10～35℃都能生长发育，但常要求较低的温度，适温17℃，最适 pH 为6.6。病菌在水中可存活1个月，在土中可存活3个月，在土表存活1年。一般在甘蓝生长中后期，遇连阴雨天气，或肥力不足，或大田改种甘蓝类蔬菜发病重。

（3）防治方法　①合理选地，应选择排水良好、疏松肥沃的微酸性土壤；②床土消毒，育苗用的营养土必须经过长期堆制，并用福尔马林密封消毒；③种子消毒，用50～55℃温水浸种20分钟，并不断搅拌；④实行轮作换茬，与非十字花科蔬菜轮作，可有效地减轻病虫害的发生；⑤加强苗期管理，及时间苗和分苗，及时通风换气，降低空气湿度，及时清除病苗；⑥加强水肥管理，西兰花喜肥水，分期适时追肥、浇水是丰产的关键。提倡以施用充分腐熟的有机肥为主，追肥可用复合肥。雨季及时开沟排水，防止土壤积水，以免引起沤根；⑦改善生长条件，及时清洁田园；及时摘除病叶、老叶；收获后及时清除田中残株、烂叶；并做好病穴消毒，以减少菌源。采用高畦栽培，有效调节土壤温、湿度，改善光照、通风、排水条件。中耕除草时避免伤叶、断根，发现病株及时销毁，减少传播途径。

六、不良现象控制

1. 空心、裂茎

（1）产生原因　主要是缺硼、偏施氮肥或久旱下雨。

（2）防止措施　主要是基施硼砂2千克/亩或在现蕾初

期喷施 10‰ 液体硼肥 600 倍液 2～3 次，加强肥水管理。

2. 黄蕾、蕉头

（1）产生原因 主要是高温干旱或低温冻害或忽晴忽雨等异常气候引起。

（2）防治措施 主要是选用抗性强的品种和采取适当的田间管理措施。

第六讲 宝塔菜花栽培技术

宝塔菜花（*Brassica oleracea* L.）是十字花科芸薹属甘蓝的一个变种，为一年生草本植物，学名为菠萝塔花椰菜，又名黄塔菜花、珊瑚菜花等。宝塔菜花原产欧洲的意大利和法国，为当前欧洲国家最流行的菜花新品种，近几年在我国北方的广大地区也有一些零星种植。宝塔菜花成熟的花球黄绿色菠萝塔形，由 50～70 个塔形花粒聚合而成，单球重量 1.0～1.5 千克。它形状奇特，口感脆嫩，并且营养丰富，据测产，宝塔菜花的总糖含量为 2.29%，粗蛋白含量为 2.42%，此外，每 100 克鲜球中含有维生素 C 65.1 毫克，钾 262 毫克，钠 19.1 毫克，钙 18.3 毫克，镁 17.2 毫克，还含有大量铁、锰、锌等元素，产品深受宾馆、饭店及中高档消费者青睐。

宝塔菜花含有抗氧化防癌症的微量元素，长期食用可以减少癌症的发生。还含有类黄酮，可以防止感染，还是血管清理剂，能够阻止胆固醇氧化，防止血小板凝结成块，因而减少心脏病与中风的危险，丰富的维生素 C 含量，可增加肝脏解毒能力，并能提高机体的免疫力，可防止感冒和坏血病的发生。

宾馆、星级饭店主要用于餐盘配菜和装饰，将一个个宝塔状的花蕾摆在盘中，非常漂亮。普通市民食用方法可以荤、素炒食，也可做汤等。

一、主要品种

1. 富贵塔

是法国最新培育的金字塔形菜花杂交一代品种，生长势旺，较晚熟，花球是由多个金字塔形小花球组成的黄绿色，奇特美观，质地细腻，营养丰富，口感优良，在法国已成名贵蔬菜，在意大利等地中海沿岸地区也开始栽培。我国引进后很受宾馆、饭店等中高收入消费者的青睐。

2. 绿宝塔

是荷兰培育的杂交一代品种，晚熟，定植后 $100\sim120$ 天收获，长势旺盛，耐寒性好，抗黑腐病能力强，翠绿色花球组成，多个圆锥形而构成的单株塔花，形状酷似宝塔，平均单球重 1 千克，亩产 1 000 千克。

二、栽培技术

1. 环境要求

（1）温度　适宜生长温度白天 $18\sim23℃$，夜间 $8\sim12℃$，地温 $16\sim20℃$。

（2）光照　属长日照作物，喜光，需较强的光照条件。

（3）水分　苗期需水量不多，中后期需湿润的土壤条件。

（4）土壤和营养　适宜土壤深厚，排灌良好的土壤种植；需肥量多，宜氮、磷、钾及微量元素的配合使用，一般每亩需要纯氮 16 千克、磷 20 千克、钾 16 千克。

2. 茬口安排

全国各地条件不同，宝塔菜花的生育期长，种植时应根据当地的栽培条件和气候特点以及消费者的需求来安排茬口。以华北地区为例有以下几个种植茬口：

（1）春日光温室栽培　1月上中旬播种育苗，2月上中旬定植，5月底至6月上旬采收。

（2）春大棚栽培　1月下旬至2月上旬育苗，3月上中旬定植，7月初采收。

（3）秋日光温室　6月底育苗，7月下旬至8月初定植，12月初采收。

（4）秋冬茬日光温室　8月下旬育苗，9月下旬至10月上旬定植，1月下旬至2月中旬采收。

3. 培育壮苗

（1）营养土配制　由于种子多为杂交一代，价格昂贵，因此最好选用营养钵或穴盘育苗。以草炭、蛭石为基质，比例为2：1，并加入5％腐熟细碎的有机肥，充分混匀后，装入72孔的穴盘中，等待播种。

（2）播种　为便于遮光、防雨、防病虫等措施的操作，应在日光温室内育苗，播种前，先把穴盘浇透水，干子撒播，播种后覆盖0.8～1.0厘米厚的基质，冬季、早春育苗。苗床上要覆盖薄膜保温保湿。夏季强光照射的中午临时用遮阳网遮强光、降低温度。

（3）苗期管理　无论哪个季节育苗，播种后，苗床气温白天25℃左右，夜间15℃为宜。夏天尽量采取遮阳降温措施。播后3～5天当小苗出土后，苗床盖膜保温的，可撤掉，待小苗上无水汽时再盖一层0.5厘米厚的基质。出苗后适当控制浇水防止徒长，但3～4天后，要喷水，既降温又防止由于蒸发而苗子缺水，以后保持畦面湿润。育苗期间，温度不宜过高，白天的适宜温度为 20～24℃，夜间为 10℃左右，当苗子长到 4～5 片真叶，苗龄 30～35 天即可定植。

另外，育苗中要注意两个问题，第一，苗龄切勿过长，以免造成小老苗，导致定植后株形矮小，生长势弱，早期现球而减产；第二，要防止幼苗徒长而形成细弱苗，导致植株长势弱减产。因此，在宝塔菜花生长过程中，苗期是基础，培育壮苗是关键。

4. 整地施肥

在旋耕前，空棚要消毒，用硫黄粉熏蒸，每亩用硫黄粉 1kg 加发烟剂 1kg 混匀后分成几堆点燃，熏棚前必须棚膜全部密闭，门口封严实，密闭 24 小时后放风，既可杀虫又可灭菌。由于宝塔菜花根系发达，故基肥应深施。每亩施用腐熟有机肥 3 000 千克，或一特活性有机肥 1 000 千克，三元复合肥 15 千克。然后进行深翻整地，一般耕深 25～30 厘米，改善理化性质，保水保肥，减少病虫害。

5. 定植

用穴盘或营养土方培育的苗，伤根少或不伤根，定植后成活率可达 100%。如果是用苗床育的苗定植前一天要把苗地浇透水，次日带土坨起苗，起苗后当天定植。当幼苗 4～5 片真叶，苗龄 30～35 天即可定植，做成 1.2 米平畦，平均行距 60 厘米，株距 40～45 厘米，植株开展度小的品种可小些。每亩定植 2 500 株左右。每亩定植双行，品字形定植。苗要栽直、栽匀。不宜过深，掌握覆土与茎基部相平为准，栽后顺畦浇 1 次水，以浸润透垄和苗坨为宜。

6. 田间管理

（1）中耕　中耕有疏松土壤，促进土壤中空气交换及调节温湿度的作用，主要是促进根系和叶片生长，增加同化面积，并有利于好气性有益微生物的活动，所以在缓苗后中耕1～2次，定植3～5天可浇1次缓苗水，然后中耕松土，增加土壤氧气浓度和促进根系生长，同时除净小草。这期间约10～15天不浇水，菜农习惯称之为"蹲苗"。时间长短视不同季节天气情况和土壤墒情而定，以后要在行间中耕，深度5厘米左右。既能保持土壤水分，延长浇水间隔日期，又能使植株健壮生长。以后植株把畦面封严，不再中耕，但有大草时应拔出。

（2）水分管理　宝塔菜花生长期间对水分的要求较严格，因其耐涝、耐旱能力较弱，要求土壤"见湿见干"，干旱时要及时灌溉，但忌大水漫灌。定植水要浇好，7～8浇缓苗水，定植缓苗后进行蹲苗7～10天，以后酌情浇水。冬季、早春一般8～10天浇1次水；春秋6～7天浇1次水；夏季4～5天浇1次水，保持土壤见湿见干，尤其是主花球长到3～6厘米大小时，切不可干旱，若水分不足容易引起球小产量低的现象。但田间湿度不能过大以免造成植株下部叶片脱落，根及茎部腐烂，以土壤持水量70%～80%为宜。结球初期和每次追肥后不能缺水，一般7～10天浇水1次，适宜的长势是植株开展度为35～45厘米。

（3）追肥　宝塔菜花生育期长，除了重施基肥外，追肥也要跟上，否则植株生长不良，以后结球小，质量差。原则是前期攻苗，促使早封行；中期控肥；后期供长蕾期。追肥的种类，一般在整个生长期都以氮肥，当进入花球形成期，应当增施磷钾肥料，一般追肥2～3次。第一次，如定植未施底化肥的，追肥要早，亩可在定植后15～20天，已有6～7片叶时，为促生长，可追第一次肥，每亩可追尿素

10～15千克；如施了底肥的，这一次肥可以省去。第二次在植株生长旺期每亩穴施膨化鸡粪200千克或氮、磷、钾三元复合肥15千克，施在根系周围，深度5厘米以上，并结合浇水。第三次在开始现蕾期，每亩穴施膨化鸡粪200千克或氮、磷、钾三元复合肥15千克。

此外，磷、钾肥对宝塔菜花的作用也不能忽视。花球形成期磷、钾肥有显著增产作用。结球期进行叶面喷肥，可用0.3%磷酸二氢钾＋0.2%尿素混合喷施，也可选用农保赞有机液肥6号500倍液，以喷在叶背面效果好也可和农药一起喷施，注意避开中午高温时间喷，以避免肥液蒸发过快而降低喷肥效果。每隔7～10天喷施1次。

（4）温度、湿度及光照管理　保护地栽培宝塔菜花，要进行温、湿度及光照调控。要依据不同季节灵活掌握覆膜，揭盖草席，开关风口，满足宝塔菜花对温度、湿度和光照的要求。

①温度：冬季、早春、晚秋重点是增温、保温、防寒；夏季、早秋主要是遮阳降温为重点。宝塔菜花从定植至缓苗阶段，温度可以高一些，促生根缓苗，白天气温可以在24～25℃，不超过30℃，夜间13～14℃为好，不超过20℃。幼苗及莲座期要逐渐降温，白天气温21～22℃，夜间以11～12℃为宜。花球形成期要凉爽气候，白天气温以18～20℃，夜间以8～10℃为宜。

②湿度：宝塔菜花喜湿润，前期苗小，可以适量浇水。莲座期植株高大，叶面积蒸发量大，要增加浇水量，但以后植株封垄，地面湿度不能太大，否则易发生霜霉病、灰霉病、菌核病、褐腐病等病害；结球期湿度大，易烂球，为此，要人为地利用保护地放风口，灵活地放风，调节湿度。

特别是每次浇水后和阴天更要注意多放风、降湿。放风还要参照温度进行，只有在满足宝塔菜花对温度的要求下，尽量多放风。

③光照：宝塔菜花喜光，尤其结球期光照不足，花球色浅，花茎伸长，品质差，所以在花球期不要用叶盖花球，即使在寒冷季节，只要温度适宜，也要尽量早揭席，晚盖席，多见光；并且要经常清除膜上的灰尘，保持清洁，增加透光率。但是，在夏季过强的阳光下，就要采取遮阳措施，以免植株生长不良，病毒病产生，或者花球受害，降低品质或开花变黄，失去商品价值。

（5）采收　宝塔菜花的适收期很短，必须适时、及时采收。收获过早，花球尚未充分发育，产量降低；收获过晚则花球松散，花球质量变劣，商品价值降低，造成损失。暂时销售不了也要及时收获，然后立即置于 2～3℃ 的避光条件下，做短期贮藏然后上市。一般来说收获标准为花球紧密、宝塔造型突出、花球黄绿色、花球直径达 15～20 厘米，收获时从花球边缘下方往下 15～18 厘米处的主茎，或花茎与主茎交接处下 2 厘米处切割采收。

三、病虫害防治

1. 病害

宝塔菜花的主要有霜霉病、黑腐病等。要采用农业综合措施与药剂防治相结合。

（1）霜霉病　主要为害叶片，也为害茎。病斑呈淡黄色，扩大后受叶脉限制成多角形或不规则形病斑。防治方法：注意倒茬轮作，安排生产时，尽量不与十字花科重茬，定植后在保证适宜生长温度下，加强室内的通风透光，选晴天上午浇水与追肥，使白天叶片上不产生水滴或水膜，夜间叶片形成水滴或水膜时，把温度控制在15℃以下，用降温和控湿的方法防治病害的发生。

室内发现中心病株，用45%百菌清剂熏烟，每亩用药200～250克。在傍晚棚后，药要分成几堆，按几个点均匀分布在室内，由里向外用暗火点燃，着烟后，封闭温室。或用72%克露可湿性粉剂600～800倍液，或72.2%普力克水剂600～800倍液，或25%瑞毒霉可湿性粉剂500～800倍液喷雾防治，喷药时，主要喷洒叶片背面，以中心病株为主。

（2）黑腐病　为害叶片自叶缘向内延伸长成V形不规则的黄褐色枯斑，病叶最后变黄干枯。防治方法：在保证适宜生长温度的条件下，加强室内的通风透光，降低湿度。发病初期，用75%百菌清可湿性粉剂500～800倍液，或40%多菌灵加硫黄胶浮剂1 000倍液喷雾防治，或47%加瑞农可湿性粉剂800倍液每7～10天1次，连续2～3次。

2. 虫害

为害宝塔菜花的害虫主要有蚜虫、小菜蛾、菜青虫等。

（1）蚜虫　以成虫或若虫在植株幼嫩部分吸食枝液，造成幼叶卷曲，同时分泌蜜露，使老叶发生杂菌污染，严重影响光合作用，造成减产；并能传播病毒病。防治方法：风口安装防虫网，室内铺设银灰色膜，张挂黏虫黄板等方法来预防。蚜虫发生量大时可选用10%吡虫啉可湿性粉剂1 500～2 000倍液，或20%康福多浓可溶剂3 000～4 000倍液，或1%印楝素水剂800～1 000倍液，2.5%天王星乳油2 000～3 000倍液，或25%阿克泰水分散粒剂7 500倍液，或20%灭扫利乳油2 000倍液，或2.5%功夫乳油2 000倍液；还可用10％蚜螨虱杀（异丙威）烟剂，每亩用200～250克均匀摆放于棚中，傍晚点燃，密闭一夜，次日早上打开通风口把烟散出即可。

（2）小菜蛾　主要为害是取食叶肉，将菜叶吃成孔洞和缺刻，严重时吃成网状。防治方法：合理轮作，定植前清除病叶。灯光诱杀，在室内设置高压黑光灯，灯下放1盆水，加入少量洗衣粉，盆上方吊1尼龙沙袋，内装1只未交配的雌蛾，该方法1次可诱杀200～500头雄蛾。也可用5％卡死克乳油1 000～3 000倍液，或10％除尽1 000～1 500倍液喷雾防治，每隔7～10天1次，连续3次。

（3）菜青虫　主要为害是取食叶肉，将菜叶吃成空洞和缺刻，严重时吃成网状。防治方法：前茬作物收获后，及时清除田间杂草和残株病叶，深耕深耙，减少田间虫源。另外可药剂防治，优先选用生物农药防治，可选用苏云金杆菌、杀螟杆菌或青虫菌粉500～800倍液喷雾，在气温20℃以上，湿度较高时使用效果较好。或用3％敌宝可湿性粉剂1 000～1 500倍液；或5％抑太保乳油，5％卡死克乳油，5％农梦特乳油3 500～4 000倍液；或灭幼脲1号，25％灭幼脲3号悬浮剂500～1 000倍液喷雾防治。化学农药宜在幼虫2～3龄前施用，并采用不同类型药剂交替使用才能收到很好的防治效果。

第七讲　羽衣甘蓝栽培技术

羽衣甘蓝（*Brassica oleracea* L. var. *acephala* DC.）是十字花科芸薹属甘蓝种的一个变种，原产欧洲地中海沿岸的希腊等国，在欧洲和北美一些国家栽培历史悠久。20世纪80年代末期，我国从美国、荷兰、德国等国家引进，在北京、上海、广州等大中城市的郊区特菜基地和示范园区小面积种植。但在许多地区因选择品种不当和食用方法不科学等原因，而没有得到很好的推广。近几年北京市农业技术推广站把从国外引进的羽衣甘蓝优良品种经过系统选育培养出了品质好、抗逆性强、产量高的"维塔萨"品种，并对其营养价值含量进行测定，同时进行烹调方法的研究，将多种烹调方法向广大消费者进行了介绍，从而很好地引导广大市民对羽衣甘蓝这一保健型蔬菜的消费，使市场需求量陆续增加，种植面积不断扩大。是一种营养非常丰富，保健功能强，适应性广，种植容易，抗病能力强，非常适合无公害生产要求的一种特菜新品种。

一、特点

1. 口感好

羽衣甘蓝的口感柔嫩，味道清香，营养非常丰富，其维生素A的含量居甘蓝类之首，并含有蛋白质和多种矿物质。

2. 保健功能强

每100克食用部位中含可溶性钙289毫克，而且是可溶性钙，经常食用它能起到补钙的作用。

3. 栽培管理容易

因其适应性强，耐寒、耐热、耐旱、耐肥水，同时又有很强的耐瘠薄能力，并且可以一次定植多次采收，采收期可长达6个月以上，在保护地和露地均可种植，能做到全年陆续供应。

4. 叶型奇特、美观漂亮

每个叶片和整株都有很高的观赏价值，可做盆栽蔬菜种

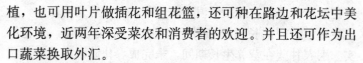

植，也可用叶片做插花和组花篮，还可种在路边和花坛中美化环境，近两年深受菜农和消费者的欢迎。并且还可作为出口蔬菜换取外汇。

5. 产量高

一般保护地种植亩产量可达 3 000～4 000 千克，露地种植亩产在 2 000 千克左右。

应该说羽衣甘蓝是一种很有推广前途的保健型功能蔬菜。

"维塔萨"羽衣甘蓝是北京市农业技术推广站从欧洲引进品种中经过系统选育而成。该品种的叶片浅绿色，长椭圆形，边缘呈羽状分裂，叶面皱褶多，生长整齐，外观漂亮，即可食用，又有很高的观赏价值，可做盆栽和插花。它的根系发达，株高 40～60 厘米，每株可陆续采收 20～40 片叶，采收期可长达 6 个月以上，质地柔软鲜嫩，风味好，含钙量高，适应性强，即耐热又抗寒。

二、环境要求

1. 温度

羽衣甘蓝喜温和的气候条件，耐寒性强，但也耐热。种子在 3～5℃的条件下便可缓慢发芽，20～25℃时发芽最快，30℃以上不利于发芽；茎叶生长最适的温度为 18～20℃，夜间温度为 8～10℃，但能耐短时间－4℃的低温，生长期间如经受多次短暂的霜冻，温度回升后仍可正常生长；羽衣甘蓝也能耐高温，在 30～35℃的条件下能生长，但叶片纤维增多，质地变硬，食用品质降低。

2. 光照

羽衣甘蓝属长日照作物，在其生长发育的过程中，具有一定的营养面积，经较低温度条件下，完成春化阶段后，必须在一定时间的长日照条件下才能进行花芽分化，开花结实。羽衣甘蓝在营养生长期间，未完成春化阶段以前长日照和较强的光照有利于生长，但在叶片形成期间，要求中等的光照条件，因为在强光照射的条件下生长会促进叶片老化，风味变差。

3. 水分

羽衣甘蓝是喜湿润生长条件的蔬菜作物，除在幼苗期和莲座期能忍耐一定的干旱条件外，而在其产品形成期则要求较充足的土壤水分和较湿润的空气条件，当土壤相对湿度为75%～80%；空气相对湿度在80%～90%之间最适宜生长，产量高，品质好，一般情况下空气相对湿度低对生长发育影响不太大，但若土壤水分不足会严重影响叶片生长，产量将明显降低。

4. 土壤和养分

羽衣甘蓝对土壤的适应性较广，但在富含有机质的土壤中种植，更有利于提高产量和品质。羽衣甘蓝更适宜在酸碱度中性或微酸性的土壤中种植，而不适宜在低洼易涝的地块种植。

羽衣甘蓝需肥量较多，由于采收期长，必须源源不断的供应充足的氮肥，并配合磷、钾肥和锌、铜、硼、锰等微量元素。每形成1 000千克产量最多从土壤中吸收纯氮4.8千克，五氧化二磷1.2千克，氧化钾5.4千克，其吸收比例为1∶0.25∶1.13。在不同生育期需肥量也不同，氮素在整个生育期间都需要充足供应；磷素在苗期和莲座期最重要，如缺磷会严重影响根系的生长；钾肥在全生育期都需求，但以采收期最需要。

5. 适宜种植的地区

羽衣甘蓝在全国各地均可以种植，只要满足其对环境条件的要求，就能生产出优质的产品，具体地说，长江以南地区，在春、秋、冬季保护地和露地均可以种植，华北地区在春、秋季露地、保护地均可以种植，冬季在保护地种植；东北地区和西北地区在春、夏、秋季露地可种植，全年在保护地均可种植。羽衣甘蓝的一般苗龄为 30～40 天，定植后 20～25 天后就可陆续采收了，直至抽薹前。各类地区可根据当地气候条件，市场需求等情况安排茬口和播种期。

三、栽培技术

1. 培育壮苗

多采用育苗移栽的方式，大面积种植也可采取机械播种或人工直接播种的方式，采用直接播种方式每亩用种在 150 克左右，采用育苗移栽的方式每亩用种在 20 克左右。每亩地需育苗床 10～15 米^2，用经过消毒的肥沃菜田作育苗床，每亩施用优质腐熟细碎的有机肥 2 000 千克，与床土掺匀，深翻、细整，平后播种。有条播和撒播两种方式，条播时按 6～10 厘米距离开沟，每隔 1.5 厘米撒 1 粒种子，覆土后浇水；撒播时要求浇透水后再播种，下种应均匀，播后复盖过筛的细土 1 厘米厚。冬季育苗时播种后要覆盖地膜，以保持床土湿润，提高地温。有条件尽可能采取塑料穴盘育苗，以草炭和蛭石为基质，比例为 2：1，有利于培育壮苗。播种后应保持较高的室温和地温，室温在 23～25℃，地温在 20℃左右，出苗后温度应降低，室温白天在 20～23℃之间，夜间温度在 10℃左右合适。在真叶 2～3 片时分苗 1 次，每株间距 6 厘米×10 厘米，苗龄 30～40 天即可定植，在冬春季育苗在定植前 5～7 天要进行低温练苗，白天温度 15～20℃，夜间 6～8℃。夏季育苗因气温高、雨水多，需要在育苗床上搭遮荫棚，荫棚上覆盖农膜，农膜的底部两边留60 厘米以利通风，为防虫底下用防虫网封严，中午要盖遮阳网降温，此外每天浇小水 1 次以利降温，雨后要及时排水。

壮苗的标准：子叶肥厚，叶片为深绿色、节间短，有 6片真叶，节间短，根系发达，且无病虫害。

2. 施肥与定植

整地与基肥：前茬收获后将残株和杂草及时清除干净，集中进行高温堆肥等无害化处理。因羽衣甘蓝需肥量大加上采收期又长，因此要施足基肥，每亩施用腐熟、细碎的优质有机肥在 3 000 千克以上，或商品有机肥 1 500 千克以上。施时要与土壤掺匀，耕深 20～25 厘米，整平后做成长 6～8米、宽 1.2 米的平畦，在土壤黏重和南方多雨地区应做成高畦，要达到地块平整，畦面平整，土壤细碎没有明暗坷拉的标准。

定植：每畦定植 2 行，平均行距 60 厘米，株距 30～40厘米，每亩 2 800～3 800 株。栽植时不要过深，以土坨低于地面 1 厘米左右为宜，定植后及时浇水。

3. 田间管理

（1）中耕松土　缓苗后中耕松土 1～2 次，并结合拔草，以利于提高地温，促进根系生长。

（2）浇水　前期尽量少浇水，使土壤见干见湿，当植株长到 10 片叶左右时浇水次数应增多，使其经常保持土壤湿润，但每次浇水量不要过大，以小水勤浇水为好，有条件最好安装滴灌设施。露地种植下雨时要及时排水，在采收期间要保证水分供应，不能干旱，以免影响品质和产量。

（3）追肥　羽衣甘蓝在采收期间每隔 15～20 天追肥 1 次，每亩穴施活性有机肥 200 千克，或麻渣、花生饼肥 80～100 千克。为保证施肥效果，施肥深度应在 5 厘米以上，可结合浇水进行。另外需每隔 10 天左右叶面喷肥 1 次，共喷 4～5 次，喷叶面肥可选用台湾有机液肥"农保赞"8 号 500 倍液，每亩每次 100 毫升左右，或 0.3%浓度的磷酸二氢钾加 0.5%浓度的尿素溶液，可结合喷施农药进行。

（4）保护地调节适宜的温度　冬季做好保温防寒工作，夏季采取多种方法来降低温度，使其在适宜的温度下生长。

（5）通风和二氧化碳施肥　羽衣甘蓝如在保护地种植，早晨应拉苫后及时通风换气，通风的目的是增强二氧化碳浓度，增强光合作用强度。还要大力推广晚秋、早春季节保护地二氧化碳施肥措施，采用硫酸加碳酸氢铵反应方法效果最好，也可采用室内吊袋的方法。

（6）调节光照　使其在中等强度的光照条件下生长品质好，保护地种植在夏季上午 10 时至下午 15 时要覆盖遮阳网以降低室温和减少光照强度。

4. 适时采收

当羽衣甘蓝长至 10 片左右时便可陆续采收下部的嫩叶了，每次采 2～3 片，要注意去掉底部叶面平展、颜色深绿的老叶，因为这种老叶没有食用价值。将采收的嫩叶捆成 200 克左右的小捆或用托盘、保鲜膜包装好出售，以每 7 天左右采收 1 次为好，剥取外部嫩叶，使心叶继续生长。

四、病虫害防治

保护地种植羽衣甘蓝通常病虫很少见，也不需要防治。

羽衣甘蓝露地种植时常见病虫有黑腐病和菜蚜。

1. 黑腐病

是羽衣甘蓝的主要病害，也是多种十字花科蔬菜的常见病害，分布广泛，发生普遍，以露地种植发病严重。病情严重时对羽衣甘蓝生产影响较大。黑腐病在全生育期均有发生，但多在羽衣甘蓝生长中后期发生。子叶期染病，在子叶上形成水状斑，灰褐至黄褐色，并迅速向真叶扩展。早期染病，种子未出苗即腐烂。成株染病，多从下部外叶开始染病，病菌多从叶缘水孔，或叶片上的伤口侵入，形成"V"形或不定形淡黄褐色坏死病斑，病健交界不明显，病斑边缘常具有黄色晕圈，迅速向外发展致周围叶肉组织变黄枯死。病菌进入叶柄或茎部，使叶柄和茎部呈灰褐色坏死甚至腐烂，病情严重时多片外叶同时发病，有时并与软腐病混合侵染，引起植株腐烂而坏死。。

黑腐病由一种细菌引起，病菌多来自于土壤中病残体，也可由种子传带。病菌耐干燥，可存活 2～3 年，生长发育温度为 5～39℃，适宜温度 25～30℃。羽衣甘蓝生长期病菌主要通过浇水、施肥、雨水和病株传播蔓延。通常，高温多雨、空气潮湿，叶片长时间结露或害虫发生严重，造成的伤口较多，有利于病菌侵染。此外，如果水肥管理不当，植株生长衰弱，害虫防治不及时或暴风雨天气较多，病害发生严重。

防治黑腐病的有效方法是：

①根据黑腐病可为害多种十字花科蔬菜，最好采取与非十字花科蔬菜进行轮作。

②选用无病种子或用药剂进行种子处理，可选用 47％加瑞农可湿性粉剂按种子重量 0.3％的比例拌种。

③在羽衣甘蓝生长期加强田间管理，适时浇水、施肥和防治害虫，减少各种伤口。重病菜株及时拔除带出田外妥善处理。在菜球采收结束后及时清洁田园。

④在发病初期进行药剂防治，可选用47％加瑞农可湿性粉剂600倍液，或77％可杀得可湿性粉剂500倍液，或30％络氨铜水剂350倍液，或新植霉素、农用链霉素5 000倍液喷雾，10～15天防治1次，根据病情防治1～3次。

2. 蚜虫

蚜虫可为害羽衣甘蓝等多种特菜及其他数十种普通蔬菜。蚜虫也有两种形态，在条件适宜时形成无翅蚜，条件不适宜时产生有翅蚜。多为害菜株的幼嫩叶片和心叶，造成心叶和嫩叶卷缩变形，菜株生长不良，不能正常结球。严重时诱发煤污病，影响产品质量。

菜蚜多为浅绿色、浅黄色和绿黄色。在华北地区一年可发生10多代，南方地区可达30～40代。北方地区冬天一般不形成为害，在温室内蔬菜上可零星发生。露地蔬菜常在春、秋出现两个发生高峰。在南方桃蚜可周年发生为害。桃蚜喜欢黄颜色和橙黄色，害怕银灰色。可利用它对颜色的喜好进行防治。

防治蚜虫的有效方法是：

①根据有翅蚜虫害怕银灰色，可在菜地内间隔铺设银灰色膜或挂银灰色膜条驱避蚜虫。

②由于有翅蚜虫喜欢黄色，可在田间挂设黏虫黄板诱集有翅蚜虫，或距地面20厘米左右架黄色盆，内装0.1％肥皂水或洗衣粉水诱杀有翅蚜虫。

③适时进行药剂防治，由于蚜虫世代周期短，繁殖快、蔓延迅速，多聚集在蔬菜心叶或叶背皱缩隐蔽处，喷药要求

细致周到，尽可能选择兼具有触杀、内吸和熏蒸三重作用的药剂，保护地内采用烟雾剂或常温烟雾施药技术防治效果更好。喷雾可选用 20％康福多浓可溶剂 3 000～4 000 倍液，或 1％印楝素水剂 800～1 000 倍液，或 3％莫比朗乳油 1 000～2 000 倍液，或 10％多来宝悬浮剂 1 500～2 000 倍液，或 12.5％保富悬浮剂 8 000～10 000 倍液，或 2.5％天王星乳油 2 000～3 000 倍液。保护地选用 20％灭蚜烟雾剂，每亩每次 0.4～0.5 千克，均匀摆放，点燃后闭棚 3 小时。

五、烹调方法

前边曾提到过羽衣甘蓝按普通菜做法，往往体现不出它的特点，还使许多营养浪费，那么到底如何食用这种菜呢？它的烹调方法有以下几种：

1. 凉拌

洗净切碎后直接凉拌，加盐、香油、生抽酱油等调料，也可开水焯后加蒜末或炸辣椒、盐、味精等料凉拌，清香爽口。

2. 做馅

加猪肉馅、海米、味精、油盐等料做成水饺、馄饨、包子，十分可口。

3. 炒食

配海米、香菇、火腿肠等料炒食，要急火快炒，不放酱油。

4. 其他

还有做沙拉、涮火锅等多种食用方法。

第八讲　红梗叶莙菜栽培技术

红梗叶莙菜（*Beta vulgaris* L. var. *cicla* L.），别名莙

达菜、牛皮菜，为藜科甜菜属的变种，原产欧洲地中海沿岸，从阿拉伯通过"丝绸之路"传入我国。其白梗、绿梗的普通品种已种植多年，而且全国栽培普遍。近年从英国、德国引进红梗绿叶的新品种。在北京的特菜基地小面积种植，供应首都的宾馆、饭店和节假日的礼品菜。红梗叶恭菜株高40～60厘米，叶簇半直立，开展度50～65厘米，叶片肥厚，长卵形，叶面有皱褶或微有皱褶。叶片翠绿色，叶柄鲜红色，质地脆嫩，营养丰富。其食用部分纤维少，味道鲜美。含大量维生素C及其他矿物质成分，并含有大量粗纤维和碳水化合物，每100克含粗蛋白1.38克、纤维素2.87克、脂肪0.1克、维生素A 2.14毫克、维生素B_1 0.05毫克、维生素B_2 0.11毫克、维生素C 45毫克、钾164毫克、钙75.5毫克、镁63.1毫克、磷33.6毫克、铁1.03毫克、锌0.24毫克、锰0.15毫克、锶0.58毫克、硒0.2毫克。还含有抗坏血酸、核黄酸和钙、磷、铁等元素，有利于消化，对便秘有一定的疗效。经常食用有解热、健脾胃、增强体质的功效。同时因其外观艳丽多彩，色泽诱人，具有很好的观赏性，又可作为盆栽蔬菜种植出售，还可在菜田周围及院内路边美化环境，可播种后一次采收嫩株，也可多次剥叶采收，是一种很有发展前途的特菜。

食用方法：可凉拌、炒食和煮食。叶片开水余后加蒜末凉拌，十分爽口；叶柄切条加西芹配海米爆炒，红绿相嵌、鲜美无比；广东韶关有一道叫"君达菜包"的名菜，是用白萝卜、鲜冬笋、韭菜等切沫加水发海米、香菇、瘦肉切末勾芡，然后用叶恭菜叶片包裹后下油锅煎，煎时要把叶柄放于锅上，此菜风味独特，吃后回味无穷。还有清炒、肉炒，叶恭菜炒豆腐等多种吃法，民间认为将叶恭菜叶片煸炒后与粳米共煮，能解热、健脾胃、增强体质。

一、栽培技术

1. 环境条件

（1）温度　红梗叶茶菜对环境条件的适应性很强。4～5℃种子可缓慢发芽，温度升高，发芽加快，22～25℃发芽良好。出苗后叶部生长的适宜日平均温度为 14～19℃，日平均温度下降到 2℃仍有极缓慢的生长，－1℃左右停止生长。当日均温上升 8℃时生长速率又开始加快，日平均温度达 26℃时，最高温达 35℃，仍可继续生长。

（2）光照　属低温、长日照蔬菜。在低温、长日照条件下有通过春化、促进花芽分化的作用。

（3）水分　其生长期间需要充足的水分，在土壤缺水的条件下，营养体的生长受到抑制，组织老化，品质下降；但浇水量也不可过大，水分过多根系易缺氧窒息，使地上部叶片变黄，生长受到抑制。

（4）土壤和营养　红梗叶茶菜对土壤要求不严格，有较强的耐肥、耐瘠薄及耐碱能力，但要达到优质、高产。以选择土层深厚肥沃，保水保肥，排水良好的中性或弱碱性土壤较好，pH 要求为 5～8。因多次采收，生育期长，需肥量较多，宜氮、磷、钾配合施用，其需肥规律为 1∶0.4∶1。

2. 茬口安排

可排开播种，周年供应，而主要是春播、秋播两大季。春播在 3～5 月进行，秋播在 8～10 月上旬进行。保护地可常年种植。

3. 培育壮苗

一般多条播或育苗移栽。育苗可节省大量种子，播种时将聚合果搓开，以免出苗不齐，而且果皮厚，吸水较慢，果皮中还含有抑制种子萌发的物质，所以在播种前浸种 24 小时，然后放在 15～20℃温度下催芽，80％种子露白后播种。畦长 5～8 米，畦宽 1.3 米，浇足底水，水渗后后撒播，并覆土 3 厘米左右，2 叶 1 心时分苗。叶荟菜也可条播，一般是在畦内按 30 厘米左右的行距开浅沟，播后覆土，踩实后浇水，亩播重量 1.5～2 千克。

4. 整地施肥

红梗叶荟菜耐脊耐肥，在贫瘠之地虽能生长，但产品品质差，易老化。所以要获得优质产品，宜选择腐殖质丰富、疏松肥沃的沙壤土或壤土。一般每亩施用腐熟、细碎的有机肥 3 000 千克或腐熟的商品有机肥 1 000 千克，一般耕深25～30 厘米，改善理化性质，保水保肥，减少病虫害，定植前要施足底肥，耕翻 2 次，打碎坷垃，而且要将整个地块和畦面整平，做成 1.3 米宽，6～8 米长的平畦。

5. 定植

夏秋季节选在晴天的下午定植，冬、春季节选在晴天的上午定植，早春露地选在冷空气即将过去、暖空气到来的时机进行，即"冷尾暖头"时。定植时要注意保护根系，尽量保持土坨的完整。育苗移栽的，待苗龄 30～35 天即可定植，按行距 33 厘米，株距 20～25 厘米定植，定植后连浇 2～3次水，促其缓苗。条播的，于苗高 6～8 厘米时间苗，苗高20 厘米时定苗。

6. 田间管理

（1）中耕松土　红梗叶荟菜前期主要是促进根系和叶片生长，增加同化面积，定植 3～5 天可浇 1 次缓苗水，然后中耕松土，增加土壤氧气浓度和促进根系生长，同时除净小草。这期间约 10～15 天不浇水，菜农习惯称之为"蹲苗"。时间长短视不同季节天气情况和土壤墒情而定，以后要在行间中耕，深度 5 厘米左右。既能保持土壤水分，延长浇水间隔日期，又能使植株健壮生长。以后植株把畦面封严，不再中耕，但有大草时应拔出。

（2）水分管理　红梗叶茶菜以采收嫩叶供食，需水量较多。但是浇水要根据不同栽培方式，不同生长季节，不同土质和不同生长阶段分别对待。不同保护的栽培及不同季节浇水也不一样，露地不同季节的需水量也有差别，如春季气温偏低，土壤水分蒸发较慢，水量宜小，间隔时间要长；春末初夏，气温升高，干旱风多，浇水宜勤，水量要大；夏季多雨时宜少浇或不浇，无雨干热时，应勤浇，以水降温。土质不同浇水也不同，沙质土壤渗漏快，保水力差，宜勤浇，壤土和黏壤土保水能力强，宜少浇。不同生育阶段对水分需求也不一同，幼苗从定植到缓苗期要保持土壤湿润，一般定植水要浇足，7 天左右浇 1 次水，两水才能缓苗，天热和干旱时缓苗水要多浇 1 次，然后中耕保墒。以后根据植株的生长状况和土壤墒情，灵活掌握浇水一般 5～7 天 1 次，保持土壤见湿间干；但是冬季，早春及土壤力强的间隔时间要放长，可 7～10 天浇 1 次；夏季浇水间隔时间短，3～4 天浇 1 次，不能使植株受旱，否则生长瘦弱。雨水多时要控制浇水，并做好田间排水，防止高温高湿烂根。总之红梗叶茶菜是叶菜类，浇水要适当增加，经常保持土壤湿润为好。

（3）追肥　红梗叶茶菜以叶部供食用，生长供应期长，生长期间需要充足的肥料，氮肥影响叶数、叶重。缺氮时叶数减少生长受到抑制，叶片细小，单株重量轻；氮肥过多，叶子徒长，易倒伏，延迟心叶的生长，收获晚，影响商品价值。磷肥有利于叶片的分化和发育，但是磷肥过多，叶片生长细长，维管束增粗，叶柄纤维多，品质差。钾肥对叶柄变粗和变重影响很大，还可以使叶柄产生光泽，纤维少，品质脆嫩，所以在生长后期要注意追施钾肥。微量元素需用少而不能缺少，可使植株生长正常。如缺硼会使植株腐烂，叶柄微裂，发生株裂和心腐病，发育受阻，所以栽培中要注意多施有机肥和叶面喷施微量元素，且宜多次追施，使其在整个生长期中皆有充分养分供应，使植株水充足生长繁茂，增加收获次数及产量。定植后 15～20 天追肥 1 次，每亩穴施膨化鸡粪 200 千克或氮、磷、钾三元复合肥 15 千克，施在根系周围，深度 5 厘米以上，并结合浇水。开始采收后每隔 20 天左右追肥 1 次。生长期间叶面喷肥，可用 0.3％磷酸二氢钾和 0.2％尿素混喷，也可选用农保赞有机液肥 6 号 500 倍液，以喷在叶背面效果好，也可和农药一起喷施，注意避开中午高温时间喷，以避免肥液蒸发过快而降低喷肥效果。每隔 7～10 天喷施 1 次。

（4）温度和光照管理 红梗叶荞菜对环境条件的适应性很强。4～5℃种子可缓慢发芽，温度升高，发芽加快，22～25℃发芽良好。出苗后叶部生长的适宜日平均温度为 14～19℃，日平均温度下降到 2℃仍有极缓慢的生长，−1℃左右停止生长。当日均温上升 8℃时生长速率又开始加快，日平均温度达 26℃时，最高温达 35℃，仍可继续生长。但叶片纤维增多，质地变硬，食用品质降低。保护地种植要在不同时期调节温度和光照，使植株在适宜的环境条件下生长，保护地在冬、春季采取增温、保温措施，夏、秋季通过放风、浇水等多种措施，来降低温度。另外，在上午 8 时至下午 3 时在棚顶覆盖遮阳率为 60％～70％的遮阳网，能够降低棚温 4～10℃，露地种植也可用竹木搭架覆盖遮阳网或防虫网，能有效降温、防病和减少雨点冲击强度，并能有效预防冰雹为害，提高产量和品质。在冬春季节保护地种植要经常清扫或刷洗棚膜上的灰尘，以提高透光率。红梗叶荠菜属低温、长日照蔬菜。在其生长发育的过程中。具有一定的营养面积，在较低温度条件下完成春化阶段后，必须在一定时间的长日照条件下才能进行花芽分化，开花结实。红梗叶荠菜在营养生长期间，未完成春化阶段以前长日照和较强的光照有利于生长，但在叶片形成期间，要求中等的光照条件，因为在强光照射的条件下生长会促进叶片老化，风味变差。

7. 采收

植株长至 10 片叶左右即可采收，每次摘除外部嫩叶 2～3 片，捆成 250 克一把，切齐叶柄基部后出售，每 5～10 天采收 1 次，采收期可长达 5 个月，一般亩产 2 500 千克左右。

二、病虫害防治

1. 病害

病害主要有病毒病、褐斑病等。

（1）病毒病　此病常表现畸形花叶症状。发病植株心叶褪色，叶片缩小扭曲，叶表面花叶斑驳，严重时新叶成条状，嫩心筒状抱卷。外叶色泽浓淡不均。叶脉皱缩畸形，叶面凹凸不平。染病植株多生长缓慢，矮小畸形。防治方法：及时清洁田园，铲除田间杂草，彻底清除病株；加强管理，施足有机肥，增施磷、钾肥，适时浇水、追肥，高温季节，避免缺水；做好防蚜工作，田间可铺、挂银灰膜条避蚜，或用黄板、黄盆诱蚜。蚜虫发生期，及时进行药剂防治。

（2）褐斑病 主要为害叶片和叶柄。在叶片上初生紫红至红褐色小点，逐步发展成中心灰白边缘紫红色圆斑，最后形成大小不等圆形或近圆形马眼状斑，稍凹陷，病斑外缘形成较规则的紫红色斑环，严重时多个病斑连接成片。空气潮湿，病部可产生灰褐色霉状物，即病菌分生孢子梗和分生孢子。防治方法：实行与非藜科作物2～3年轮作，收获后彻底清除病残植株，减少越冬菌源；选用无病种子，或实行无病壮苗移栽；发病初期进行药剂防治，可选用50％敌菌灵可湿性粉剂500倍液，或6％乐必耕可湿性粉剂1500倍液，或70％甲基托布津可湿性粉剂600倍液，或70％代森锰锌500倍液，或45％敌克多悬乳剂1 500倍液，10～15天防治1次，连续防治2～3次。

2. 虫害

虫害主要有蚜虫、甘蓝夜蛾等。

（1）蚜虫 以成虫和若虫在菜叶上刺吸枝叶，造成叶片卷缩变形，植株生长不良，此外传播多种病毒病，诱发煤污病。严重影响蔬菜产量和品质。防治方法：田间挂黄板涂黏虫胶诱集有翅蚜，或距地面20厘米架黄色盆，内装0.1％肥皂水或洗衣粉水诱杀有翅蚜虫；在菜地内间隔铺设银灰色膜或张挂银灰色膜条趋避蚜虫；适时进行药剂防治，由于蚜虫世代周期短繁殖快，蔓延迅速，多聚集在蔬菜心叶或叶背皱缩隐蔽处，喷药要求细致周到，尽可能选择兼具有触杀、内吸、熏蒸三重作用的药剂，保护地宜选用烟雾剂或常温烟雾施药技术。喷雾可选用40％康福多水溶剂3 000～4 000倍液，50％抗蚜威（辟蚜雾）可湿性粉剂2 000～3 000倍液，10％吡虫啉可湿性粉剂1 500～2 000倍液，或1％印楝素水剂800～1 000倍液，2.5％天王星乳油2 000～3 000倍液，或25%阿克泰水分散粒剂7 500倍液，或20%灭扫利乳油2 000倍液，或2.5%功夫乳油2 000倍液，10%氯氰菊酯乳油2 500～3 000倍液。

（2）甘蓝夜蛾　以幼虫为害。初孵幼虫群集叶背取食叶肉，残留表皮，3龄后将叶吃成孔洞或缺刻，4龄后分散为害，昼夜取食，并在叶上排泄粪便。造成叶片污染。防治方法：对菜田进行秋耕或冬耕可消灭部分虫蛹，甘蓝夜蛾卵成块产于菜叶上，2龄幼虫不分散，极易发现，结合田间管理及时摘除；在成虫期设置黑光灯或糖醋盆诱杀；甘蓝夜蛾卵期人工释放赤眼蜂，每亩6～8个放蜂点，每次放2 000～3 000头，隔5天1次，持续2～3次，寄生率可达80%以上。另外可药剂防治，优先选用生物杀虫剂，如苏云金杆菌（Bt）乳剂、粉剂，复方Bt乳剂、粉剂，杀螟杆菌、青虫菌粉剂500～1 500倍液，在气温20℃以上时喷雾，或用3%敌宝可湿性粉剂1 000～1 500倍液，或5%抑太保乳油，5%卡死克乳油，5%农梦特乳油3 500～4 000倍液；或灭幼脲1号、25%灭幼脲3号悬浮剂500～1 000倍液喷雾防治。化学农药宜在幼虫2～3龄前施用，并采用不同类型药剂交替使用才能收到很好的防治效果。

第九讲　西芹栽培技术

芹菜（*Apium graveolens*）属于伞形科芹菜属二年生草本植物。原产于地中海沿岸及瑞典、埃及和西亚的高加索等沼泽地带。在我国栽培历史悠久，各地均有栽培，有中国芹菜和西洋芹菜之分，秋冬季节设施栽培西芹的面积在逐步扩大。

西芹叶柄肥嫩，营养十分丰富，含有丰富的矿物质、盐类、维生素和芹菜油，具芳香味，能增进食欲。每 100 克西芹中含蛋白质 2.2 克，钙 8.5 毫克，磷 61 毫克，铁 8.5 毫克，其中蛋白质含量比一般瓜果蔬菜高 1 倍，铁含量为番茄的 20 倍左右。西芹中还含丰富的胡萝卜素和多种维生素等，对人体健康都十分有益。西芹叶茎含有芹菜苷、佛手苷内酯和挥发油，对西芹的茎和叶片进行 13 项营养成分的测试，发现西芹叶片中有 10 项指标超过了茎。其中，叶中胡萝卜素含量是茎的 8 倍，维生素 C 的含量是茎的 3 倍，维生素 B_1 是茎的 1 倍，蛋白质是茎的 1 倍，钙超过茎 2 倍。

西芹是具有一定保健作用和药用价值的蔬菜。有健脑、降压、清肠利尿、健脾、抗癌、增强食欲的作用，还可用于高血压、动脉硬化、神经衰弱、月经不调和痛风的食疗。可炒食、生食、腌渍或做配料、榨汁，也可作馅心。

一、主要品种

1. 文图拉西芹

北京北农种业有限公司推出，由美国引进品种，经系统选育而成。植株高大，生长速度快，株高 80 厘米以上，叶片大，绿色，叶柄淡绿色，品质脆嫩，纤维极少，株型紧凑，抗病性强。

2. 皇后

是法国 Tezier 公司最新培育的早熟西芹品种。早熟，定植后 70～75 天收获，耐低温，抗病性强，色泽淡黄，有光泽，不空心，纤维少，商品性好。

3. 帝王西芹

由荷兰瑞克斯旺公司研制而成。该品种植株高大，一般成株高度 75 厘米以上，生长健壮，植株浓绿，叶片大，叶柄肥厚，脆嫩，纤维精细，品质佳。

4. 津南实芹

是天津宏程芹菜研究所杂交育成的西芹新品种。该品种具有耐寒性强，生长速度快，产量高，抗病、抽薹较晚，分枝少等优点，正常生长条件下叶柄实心，浅绿色，肉质鲜嫩，粗纤维少，一般株高 90 厘米左右。

二、栽培技术

1. 环境要求

（1）温度　西芹属耐寒性蔬菜，喜冷凉耐寒怕热，要求冷凉湿润的环境条件。西芹生长的适宜温度 15～20℃，并要有较多的水分和适当的光照条件。最好能保持一定的昼夜温差和避免强光照射，如果温度高于 26℃，则生长不良，品质下降。幼苗可以忍受 -5～-4℃ 的低温。西芹种子在 4℃ 时开始发芽，但发芽缓慢，以 18～20℃ 发芽最快，7～8 天可出芽。超过 25℃ 虽发芽迅速，但极易伤热。温度超过 30℃ 则失去发芽能力。

（2）光照　西芹种子发芽时喜光，有光条件下易发芽，黑暗下发芽迟缓。西芹的生育初期，要有充足的光照，以使植株开展，充分发育，而营养生长盛期喜中等光强，光照度在 1 万～4 万勒克斯较适宜。因此，冬季可在温室、小拱棚和阳畦中生产，夏季栽培需遮光。长日照可以促进西芹分化花芽，促进抽薹开花；短日照可以延迟成花过程，而促进营养生长。

（3）水分　西芹为浅根性蔬菜，吸水能力弱，对土壤水分要求较严格，整个生长期要求充足的水分条件。苗床要保持湿润，以利幼苗出土；营养生长期间要保持土壤和空气湿润状态，否则叶柄中厚壁组织加厚，纤维增多，甚至植株易空心老化，使产量及品质都降低。在栽培中，要根据土壤和天气情况，充分地供应水分。

（4）土壤和养分 西芹喜有机质丰富、保水保肥力强的壤土或黏壤土。沙土及沙壤土易缺水缺肥，使西芹叶柄发生空心。西芹要求较完全的肥料；在任何时期缺乏氮、磷、钾，都会影响西芹的生长发育，苗期和后期需肥较多。初期需磷最多，因为磷对西芹第 1 叶节的伸长有显著的促进作用，西芹的第 1 叶节是主要食用部位，如果此时缺磷，会导致第 1 叶节变短。钾对西芹后期生长极为重要，可使叶柄粗壮、充实、有光泽，能提高产品质量。氮肥是保证叶片生长良好的最基本条件，对产量影响较大。氮肥不足，会显著地影响到叶的分化及形成，叶数分化较少，叶片生长也较差。此外，西芹对硼较为敏感，土壤缺硼时在西芹叶柄上出现褐色裂纹，下部产生劈裂、横裂和株裂等，或发生心腐病，发育明显受阻。

2. 茬口安排

西芹的适应性强，采用保护地与露地多茬口安排（表5），基本可周年供应。

表 5 西芹栽培茬口安排

茬口	育苗期	定植期	采收期	备 注
大棚早春茬	12 月上中旬	次年 2 月中旬	次年 4 月中至 5 月中旬	日光温室育苗
大棚秋茬	6 月中下旬	8 月中下旬	11 月上旬	大棚、小中棚育苗
日光温室秋冬茬	7 月中下旬	9 月下 10 月初	次年 1 月中至 2 月中旬	大棚、小中棚育苗
大棚越冬根茬	8 月上中旬	10 月中旬	次年 5 月	及时采收避免抽薹

3. 培育壮苗

浸种催芽：西芹以果实作种子，果皮坚厚，并有油腺，难以透水，在高温和干旱条件下发芽很慢，幼苗生长也慢。6～7月高温季节播种时，应事先经过浸种催芽，即将种子用清水浸12～24小时，用清水冲洗，边洗边用手搓，将种子捞出，沥干水再用湿布包好，置于20℃左右的阴凉处催芽，2～3天50%以上的种子发芽时，即可播种。也可以用清水浸泡种子12小后，采用每千克5mg赤霉素浸泡10～12小时以打破休眠，提高发芽率。

播种：分为普通育苗和基质育苗两种。基质育苗质量好，成活率高，可选用育苗盘或在育苗棚内做基质苗床。整地做1.2米平畦，畦面上铺防虫网，在畦里铺草炭、蛭石、有机肥混合的基质，草炭：蛭石配比为2：1，每立方基质加入有机肥50千克。基质厚度15厘米左右，播种前浇透水，基质面耙平。同时畦面中喷洒适量的多菌灵可湿性粉剂或普力克，防治苗期病害。

西芹种子较小，20米^{2}苗床用种10～20克，催芽的种子拌细沙均匀撒种，播种后覆盖0.3厘米潮湿的细沙，盖住种子即可，不宜过厚，种子拱土时再覆盖0.1～0.2厘米厚的潮湿细沙。撒施毒饵，防治蝼蛄等地下害虫。

苗期管理：6、7月份育苗温度较高，应搭遮阴棚或在棚上加遮阳网。在苗床上覆盖遮阳网，既可以遮阳降温保湿，又可以防止出苗前补水将种子冲走。播种7天左右出苗，及时揭网以免伤苗。在整个育苗期，都要注意浇水，经常保持土壤湿润。当幼苗长有两片真叶时进行间苗，苗距1厘米，以后再进行1～2次间苗，使苗距达到2厘米左右，间苗后要及时浇水。视苗生长情况，追施2～3次苗肥。在苗期要注意控制土壤湿度，禁止大水漫灌，预防猝倒病的发生，并且注意防止蚜虫和红蜘蛛的为害。苗龄 60 天左右，植株 5～6 片叶时定植。

4. 整地施肥

秋冬茬西芹应在前茬作物收获后，及时清理残枝老叶，并进行棚室消毒。一般硫黄粉熏蒸，每亩用量 250 克。冬茬温室西芹在时间充足的情况下进行土壤处理，铺 5 厘米左右的麦糠，每亩均匀撒施 50 千克石灰氮深翻土地，然后用塑料膜盖严高温闷棚。预防菌核病等土传病害的发生。

西芹浅根性，丰产性好。在保水保肥力强的壤土或黏壤土地块上每亩施入腐熟农家肥 3 000 千克，三元复合肥 40 至 50 千克，硫酸钾 3～4 千克。因为西芹根群入土不深，所以翻地不要过深，但要将土壤和肥料充分混匀，土壤疏松平整，做 1～1.2 米平畦，畦埂要压实，以方便浇水和中期田间操作。

5. 定植

日光温室秋冬茬西芹一般生长期较长，冬季温度较低棚内空气流通较慢。栽培密度不宜过大，一般行距 20～25 厘米，株距 15～20 厘米，每亩定植 6 000～7 000 株。定植深度以埋茎盘 1 厘米不压心叶为宜，定植过深不利于植株缓苗，定植过浅西芹容易形成分蘖，影响植株长势。定植后及时浇水，一般定植时先挖坑点水栽苗，第二天西芹苗心叶直立后浇大水，防止栽苗后直接浇大水将小苗冲走或将心叶埋没。高温时期若能用遮阳网覆盖 10～20 天，则对西芹缓苗十分有利。

6. 田间管理

（1）水分管理　定植水后，隔 1～2 天浇第二次水，再隔3~4天浇第三次水，浇水的目的是保证苗子成活，浇过三水后视土壤墒情进行细致中耕松土，然后进行蹲苗以促进根系生长。此后视土壤墒情及天气情况，每7天左右浇1次水，要保持土壤湿润，当植株长到30厘米高以后，要加大水量。入冬时（一般小雪前）要浇足水，因为入冬后外界气温迅速下降，棚上薄膜加盖草苫严密保温，期内水分散失较少，如果栽培畦内无明显缺水，一般不再浇水，如需要时应选择晴天上午10点左右补充水分。对于收获较晚的西芹应在大雪节内选择晴天上午进行浇水。此后至采收前根据天气情况，间隔15天左右浇水，防止生长后期出现空心现象。浇水后注意棚内湿度的调节，预防低温病害的发生。

（2）肥料管理　西芹根系浅，因此需要多次追肥。当蹲苗结束后当植株长出心叶后随水追肥，此期一般以复合肥为主，每亩用量6~8千克。第二次追肥要在西芹长到30厘米是结合浇大水每亩使用17∶8∶34（N∶P∶K）圣诞树水溶性肥3~5千克，以后间隔15天左右第三次追肥，肥量与第二次相同，或以尿素和硫酸钾为主。采收前20天禁止追尿素，采收前10天浇水，以降低硝酸盐含量。植株生长后期，对叶面喷施钾肥，可提高西芹的产量和品质。

（3）温度管理及防寒保温　秋冬茬西芹定植时温度较高，一般最高温度不超过26℃，要注意通风在气温达到20℃时就开始放风，维持在18~20℃，夜间不低于10℃。成株在短期低于0℃时一般影响不大，但低于0℃的时间也不能太长，由于温室内生长的西芹组织柔嫩，时间长了易发生冻害。一旦受冻，叶柄和叶脉表皮脱落，不但不能恢复，而且还易腐烂。所以北京地区在10月下旬温度开始降低接近10℃，盖膜应在10月中旬之前完成。进入11月初立冬前后温度骤降，在此之前应加盖草苫保温，加盖时间一般不能晚于小雪节气。在覆盖棚膜和草苫后的主要工作就是揭盖草苫和放风，在不致使西芹受冻的前提下，一般晴天要早揭晚盖，延长光照时间。外界温度还不低，通风口要大，时间要长；随着温度的降低，通风口要逐渐缩小，通风时间缩短。通风技术要视天气情况灵活进行，但决不能忽视通风，否则湿度过大，病害发生严重，会造成减产。

（4）中耕除草　定植时如果秧苗较大，应在缓苗以后要及时摘除发黄枯萎的外叶、老叶，中耕时扶起贴地的外叶，以减少病虫害的发生与流行。中耕后开始蹲苗，经过约 15 天左右新长出的叶片直立向上，此时西芹进入旺盛生长期要结束蹲苗。西芹前期生长较慢，常有杂草为害，因此应及时中耕除草。一般在每次追肥前结合除草进行中耕。由于西芹根系较浅，中耕宜浅，只要达到中耕除草、松土目的即可，不能太深，以免伤及根系，反而影响西芹生长。

7. 采收

西芹采收期随播种期、品种和市场需要情况而异。西芹生长期较长，播种后 100 天左右，待心叶已充分发育、最外叶刚出现衰老迹象，株高 80 厘米左右，单株净重一般 1～1.5 千克时采收为宜。

三、病虫害防治

种植西芹时主要防治蚜虫、红蜘蛛、叶枯病、斑枯病、病毒病等。在预防为主，综合防治的植保方针指导下，优先采用农业防治方法，选用抗病虫品种、培育壮苗、轮作倒茬等手段减少病虫害的发生。采用物理方法和生物方法防治病虫害，病虫害发生严重时选用化学农药防治病虫害，尽量选择低毒、低残留药剂，优先选用烟熏法和喷雾防治。

1. 蚜虫

喜食植株叶片汁液，造成心叶卷缩，植株生长不良，同时产生大量的排泄物，污染叶面，造成商品质量下降，同时还会进行病毒病的传播。药剂防治：10%吡虫啉可湿性粉1 500倍，25%阿克泰水分散粒剂3 000～5 000倍液喷雾防治。噻嗪酮·异丙威烟剂，蚜螨虱杀烟剂每亩一次用量400～500克，间隔一周用药，连续熏蒸3次。

2. 病毒病

全株染病，叶片皱缩，表现为明显的黄斑花叶，严重时全株叶片皱缩不长或黄化、矮缩。主要采取防蚜、避蚜措施进行防治。在苗期喷施禾丰锌，加强水肥管理提高植株抗病力。药剂防治：40%烯烃吗啉胍1 000～1 500倍液加稀释美800倍液喷雾防治。

3. 芹菜叶斑病

高温病害，高温多雨或高温干旱但夜间结露重，持续时间长，易发病。春秋保护地均可发生。要及时通风降低湿度，减少结露。药剂防治：用45%百菌清烟剂或15%腐霉利烟剂每亩用药250～300克，交替用药2～3次，50%多菌灵可湿性粉剂800倍液，或77%可杀得可湿性粉剂500倍液喷施。

4. 芹菜斑枯病

叶、叶柄、茎均可染病，叶上病斑多散生，大小不一，病斑中部褐色，外缘深红褐色，中间散生黑色小点。防治方法：种子播种前温汤浸种，保护地注意降温排湿，缩小日夜温差，减少结露。70%代森锰锌500倍液，翠贝（50%嘧菌酯）水分散剂3 000倍液，阿米西达1 500倍液喷雾防治。

5. 芹菜软腐病

主要发生于叶柄基部或茎上。先出现水浸状、淡褐色纺锤形或不规则的凹陷斑，后呈湿腐状。药剂防治：发病初期喷施 72％农用链霉素可湿性粉剂或新植霉素 3 000 倍液，12％绿乳铜乳油 500 倍液，95％ CT 杀菌剂水剂（醋酸铜）500 倍液，间隔 5～7 天 1 次，连续 2～3 次。

第十讲　京水菜栽培技术

京水菜（*Brassica juncea* var. *multisecta* L. H. Bailey）全称为白茎千筋京水菜，我国特菜产区称"水晶菜"，是 20 世纪 80 年代末期从日本引进的一种外观新颖别致、含矿物质营养丰富、高钾低钠盐的特菜新品种，外形介于不结球小白菜和花叶芥菜（雪里蕻）之间，是十字花科芸薹属白菜亚种的一个新品种，首先在北京郊区的特菜基地种植，之后面积不断扩大。上海、青岛、济南、沈阳等也陆续引种发展，目前山东、辽宁、吉林、河南、山西、陕西、河北、江苏和湖北等 20 多个省市自治区的大中城市的示范园区和特菜基地均有种植。

每 100 克京水菜的茎叶中含水分 94.04 克、维生素 C 53.9 毫克、钙 185.0 毫克、钾 262.5 毫克、钠 25.58 毫克、镁 40 毫克、磷 28.9 毫克、铜 0.13 毫克、铁 2.51 毫克、锌 0.52 毫克、锰 0.32 毫克、锶 0.93 毫克。经常食用具有降低胆固醇、预防高血压心脏病的保健功能；严寒时有促进肠、胃蠕动帮助消化的作用。

京水菜的食用部位为嫩茎叶，具有品质柔嫩、口感清香的特点，有凉拌、炒食、涮火锅、腌制等多种食用方法，深受各阶层消费者的欢迎。在宾馆、饭店、酒楼、节日礼品菜和超市等消费需求量不断扩大，市场性好。

一、特征特性和环境要求

1. 特征特性

京水菜为浅根性植物，主根圆锥形，须根发达，再生力强。在营养生长期为短缩茎，叶簇丛生于短缩茎上。茎基部具有极强的分株能力，每个叶片腋间均能发生新的植株，重重叠叠地萌发新株而扩大植株，使植株丛生，一般每株有叶片60~100个，多者可达300个以上，单株重可达3~4千克，株高40~50厘米。叶片齿状缺刻深裂成羽状，绿色或深绿色。叶柄长而细圆，有浅沟，颜色因品种而不同，有白色或浅绿色。长角果，内有种子10多粒，种子近圆形，黄褐色，千粒重1~2克，发芽力可保持3~4年。

2. 对环境条件的要求

（1）温度　京水菜喜冷凉的气候条件。发芽适宜温度22~25℃，最低10℃，最高30℃能发芽；幼苗期和茎叶生长期适宜温度18~23℃，夜间8~10℃，低于12℃和高于30℃生长缓慢，低于10℃和超过35℃生长停滞。地温15~18℃适宜根系生长，低于10℃，或高于25℃，生长缓慢。

（2）光照　长日照作物，长日照能促进抽薹开花，光照充足有利于植株生长，叶片厚、分枝多，产量高。

（3）水分　喜湿润的土壤环境条件，需水量较多，不耐干旱，也不耐涝，生长期间切忌浇水量过大。

（4）土壤和营养　适宜有机质丰富、排灌良好，疏松、肥沃的壤土种植。因生长量大，需充足的营养供应。整个生育期要求充足的氮肥供应，幼苗期对磷十分敏感，苗期缺磷会引起叶色暗绿和生长衰退，分枝力弱。钾肥可促进光合产物运转和积累，提高产量和品质。氮、磷、钾应配合施用，其吸收比例为 1∶0.4∶0.9，还需补充微量元素。

二、品种选择

目前京水菜分为三种类型，请菜农根据不同季节和消费者的要求来确定品种，每亩用种量 10～20 克。

1. 早生京水菜

植株较直立，叶的裂片较厚，叶柄奶油色，早熟，适应性强，较耐热，品质柔嫩，口感好，适宜春、秋露地种植，也可在夏季冷凉地区种植。

2. 中生京水菜

叶片绿色，叶缘锯状缺刻，深裂成羽状，叶柄白色有光泽，分枝力强，单株重 3 千克左右，冬性较强，不易抽薹，耐寒性好，适宜北方地区冬季保护地栽培。

3. 晚生京水菜

植株开张度较大，叶片浓绿色，羽状深裂，叶柄白色柔软，耐寒力强，不易抽薹，分枝力强，耐寒性比中生种强，产量高，但不耐热，适宜在冬季保护地种植。

三、茬口安排

栽培季节及栽培方式：水晶菜适宜于在冷凉季节栽培，夏季高温期间种植效益较差，尤其是在高温多雨天植株易腐烂而失收，但是如能根据条件改变栽培方法，也能全年生产，周年供应。全国各地气候和种植条件差异很大，以华北地区为例有以下几个种植茬口：

①春保护地：1～2 月育苗，2～3 月定植，4 月底至 7

月初收获。

②春露地：3 月初育苗，4 月初定植，6～7 月收获。

③冷凉地区夏季栽培：4～5 月育苗，6 月定植，8～9月收获。

④秋露地：8 月上、中旬育苗，9 月上、中旬移栽，10月中、下旬收获。

⑤秋冬保护地：9 月上旬至 10 月上旬陆续播种，幼苗 6～8 片叶时定植；12 月上旬至 2 月下旬陆续采收。

请各地区根据当地的气候特点和种植条件以及消费者的需求来安排茬口。

四、栽培技术

（一）秋露地栽培

1. 培育壮苗

京水菜种子粒小，苗期生长缓慢，且小苗纤秀，适宜育苗移栽，种子价格又相对比较贵，所以对播种的质量要求比较高，苗床应选择保水、保肥能力强的肥沃壤土，播种前 7～10 天深翻晒垡，然后按 10 米² 苗床施用充分腐熟有机肥 20 千克、磷酸二氢钾 0.3 千克，均匀撒施地面，耕翻 10～12 厘米，搂耙平后踏实。在苗床浇透水后，撒层过筛细土，然后播种，为防止秧苗徒长而形成高脚苗或弱小苗，播种不宜太密，每平方米苗床播种 0.5 克左右为宜，因种子粒小，为播种均匀需要将种子掺沙分两次撒播，然后覆盖过筛细土 0.5 厘米。播后保持床温 25℃以下，并保持畦面湿润。如温度过高，中午应覆盖遮阳网，并顺沟浇水，创造一个阴冷湿润的环境。出苗后适宜温度白天 18～20℃，夜间 8～10℃，以利定植时带土坨。苗龄 30 天左右，有 6～8 片真叶叶色深绿，根系发达即可定植。

有条件单位尽量采用穴盘育苗方法，以草炭、蛭石为基质，根系发育好，成活率高，有利于培育壮苗。

2. 整地

定植选择前茬不是十字花科作物的地块，前茬作物收获后，清除地面杂草及残枝枯叶，基肥每亩施入充分腐熟、细碎有机肥 2 000 千克以上，在耕地前施入，如肥源有困难也可用"一特"牌活性有机肥 800 千克。施用有机肥后，耕翻耙细整平，做成宽 1.3 米，长 8 米左右平畦。起苗时，应尽量少伤根，带大土坨，定植时间以下午或傍晚为宜，避免气温过高或日灼萎蔫。

3. 定植和栽植密度

以采收嫩叶及掰收分生小株的栽培，密度大些，行距 30 厘米，株距 20 厘米，每亩 10 000 株左右。若一次性采收大株的密度小些，行距 40 厘米，株距 30 厘米，每亩 5 500 株左右。

注意不要栽植过深，小苗的叶基部均应在地表面，如果过深会影响植株生长及侧株的萌发，有时会引起烂心。

4. 田间管理

（1）中耕除草　京水菜前期生长慢，不间种的地块要及时中耕除草 1～2 次，中耕由浅变深。

（2）浇水　定植后 2～3 天宜再浇 1 次缓苗水，以保持小苗不萎蔫。然后中耕蹲苗 15 天左右。待心叶变绿，再开始浇水，以后根据天气和墒情来浇水，一般每隔 5～10 天浇 1 次水，常保土壤湿润，但注意每次浇水量不要过大。

（3）追肥　缓苗后每亩穴施"一特"牌活性有机肥 200 千克，施在根系周围，深度 5 厘米以上，并结合浇水。以后视长势情况应再追施1～2次肥，每次每亩穴施氮、磷、钾三元复合肥20千克可结合浇水进行。生长期间叶面喷肥2～3次，每次用0.2％浓度的磷酸二氢钾加0.5％浓度的尿素混合喷施，在上午8～10时或下午3～6时效果好。

（二）秋冬温室栽培要点

1. 育苗

用128穴的穴盘育苗，以草炭和蛭石为基质，有利于根系生长和培育壮苗，栽植时能提高成活率。草炭和蛭石比例为2∶1，每立方米基质加150克50％多菌灵，1千克氮、磷、钾三元复合肥，混合均匀后装盘待用；先将苗盘内基质浇透水，然后播种，每穴2粒种子，播后覆1～1.5厘米厚的蛭石，再浇水后放入育苗床。每亩用种10克左右，需苗盘750个（按千粒重1.6克，亩栽6 000株计算）。

播种后白天温度控制在25℃左右，晚间15～20℃，出齐后降低3～5℃，见干时浇水，间去弱苗。

也可采用普通育苗方法，每亩温室需苗床15米^2，宜精细整地，每平方米施腐熟细碎有机肥10千克，与土壤充分掺匀，整成宽1.3米、长5～6米的平畦，浇足底墒水，待水渗后播种，每平方米撒种1克左右。因种子粒小可与粗沙混合后再分两次撒匀，覆过筛细土1厘米厚，待2～3片叶分苗1次，间距6×8厘米，在6片叶左右定植。

2. 整地与定植

前茬收获后，将植株残体和杂草清除干净。每亩撒施腐熟细碎有机肥3 000千克，耕翻深度20～25厘米，整平整细后做成1.3米宽、6～8米长的平畦，每畦定植5行，平均行距43厘米，株距30～50厘米，每亩3 000～5 000株，采收大株的行株距要大。注意定植不要过深，叶基部应在地面以上，带土坨定植，栽后及时浇水。

3. 田间管理

（1）中耕除草 缓苗后中耕 2 次，深度由浅入深，以促进根系生长，并及时拔除杂草。

（2）及时浇水 缓苗后蹲苗 12～15 天，以后 7～10 天浇 1 次小水，常保土壤湿润，避免干旱，尤其在分生侧株时要保证水分供应，但要以小水勤浇为宜，不要大水漫灌；京水菜怕涝，田间不宜积水。

（3）科学追肥 缓苗后每亩穴施"一特"活性有机肥 200 千克，施在根系周围，深度 5 厘米以上，并结合浇水；秋冬季保护地种植中晚生种，应再追施 1～2 次肥，每次每亩穴施氮、磷、钾三元复合肥 20 千克，可结合浇水进行；生长期间叶面喷肥 2～3 次，每次用 0.2％浓度的磷酸二氢钾加 0.5％浓度的尿素混合喷施，也可用台湾有机液肥"农保赞" 8 号 500 倍液喷施，在上午 8～10 时或下午 3～6 时效果好。

（4）调节温度 保护地温度调节十分重要，白天适宜温度 18～25℃，夜间 10℃左右，冬季做好保温防寒和放风工作。夏秋季节做好降温工作，不要使棚温过高而影响生长和降低品质。

（5）增加光照 冬季经常清扫棚膜上的灰尘和碎草，早揭苫、晚盖苫，一般晴天阳光照到前屋面时应揭苫，下午室温降到 18℃时应盖苫，雨雪天只要揭苫后温度不下降就应打开草苫。

五、采收及采后处理

1. 小株采收

早生种夏秋季种植，定植后 30 天即可陆续采收上市，中生种和晚生种也可在早期间苗采收上市，拔除后，剪去根部捆把或托盘包装出售。

2. 大株采收

中、晚生种在冬季定植后100～120天，单株重2千克以上，去掉黄叶即可上市。如需贮存，在0～2℃温度条件下，相对湿度80%～90%，避光条件可存放10～20天。

六、病虫害及防治

京水菜一般病害发生很轻，不需要进行防治。主要害虫有小菜蛾和菜蚜。

1. 小菜蛾

小菜蛾又叫菜蛾、小青虫、两头尖、方块蛾，为十字花科蔬菜最重要害虫，全国各地都普遍发生，以我国南方和常年种植叶类蔬菜的地区发生严重。可为害青花菜、芥蓝、豆瓣菜、形成一个个"天窗"状透明斑痕，大的幼虫可将菜叶吃成孔洞或缺刻，严重时菜叶被吃成筛网状。

小菜蛾成虫为灰褐色小蛾，翅狭长，前翅后缘有黄三个白色曲折的波纹，两个翅膀合拢时呈屋脊状。老熟幼虫体长1厘米左右，两头尖细，虫体呈纺锤形，头黄褐色，体节明显，臀足向后伸长，超过腹部末端。蛹纺锤形，外裹一层灰白色透明的薄茧，透过茧可以看见里面的蛹体。

小菜蛾在南方周年发生为害，华北地区年发生4～6代，各个虫态同时发生。成虫在夜晚活动，白天隐藏在植株荫蔽处，受惊扰时在植株间作短距离飞行，也可随着刮风作远距离迁飞。成虫在黄昏后开始取食、交尾和产卵，午夜前后活动最旺盛，喜欢灯光。成虫羽化后当天即可交尾，1～2天后产卵，每头雌成虫平均产卵200粒左右。幼虫很活跃，一受惊扰就快速扭动、倒退、翻滚或吐丝下垂。成虫的抗逆性很强,在田间的发生为害时期长。北方地区通常在5~6月和8~9月出现两个发生高峰。南方在3~6月和8~11月出现两个为害盛期,一般秋季重于春季。盛夏高温时节,各地多因高温多雨和天敌等因素使小菜蛾的发生数量显降下降。如果周年进行十字花科蔬菜连作套种,小菜蛾多发生猖獗,损失严重。

防治方法:由于小菜蛾虫体小,繁殖快,对多种农药的抗性较强,要较好控制小菜蛾必须根据小菜蛾的生物学特性,因地制宜选用多方面措施综合防治才能取得理想效果。

①由于小菜蛾只为害十字花科蔬菜,在一定范围内应尽量避免十字花科蔬菜连作、套栽,切断虫源。同时注意加强苗期防虫,避免菜苗传带害虫。收获后及时清除和集中处理残株败叶,消灭残存的虫源。

②利用成虫的趋光性,设置黑光灯或高压诱虫灯诱杀成虫。利用小菜蛾交配繁殖习性,可选用小菜蛾专门的性诱剂诱芯和配套的诱捕器诱杀成虫。

③科学的进行药剂防治,由于小菜蛾世代多,使用农药频繁,极容易产生抗药性,药剂防治必须注意不同性状的农药间交替轮换使用,注意优先使用非化学杀虫剂。一是选用微生物杀虫剂,如苏云金杆菌(BT)粉剂、复方BT乳剂、粉剂500~1 500倍液,注意在气温20℃以上时喷雾。二是选用昆虫特异性杀虫剂,如2.5%菜喜悬浮剂1 000~1 500倍液,或5%抑太保乳油、或5%卡死克乳油、或5%农梦特乳油3 000~4 000倍液,或25%灭幼脲3号悬浮剂500~1 000倍液,或20%除虫脲悬浮剂3 000~5 000倍液喷雾,注意施药时间较普通杀虫剂需提早3天左右。三是选用抗生

素类杀虫剂，如 1.8％虫螨克乳油 2 500～3 000 倍液，或 40％清源保乳油 1 000～1 500 倍液喷雾。四是选用植物性杀虫剂，如 1％印楝素水剂 800～1 000 倍液，或 0.5％藜芦碱醇溶液 800～1 000 倍液，或 0.65％茼蒿素水剂 400～500 倍液喷雾。五是使用低毒低残留高活性化学杀虫剂，如 3％莫比朗乳油 1 000～2 000 倍液，10％多来宝悬浮剂 1 500～2 000 倍液，或 12.5％保富悬浮剂 8 000～10 000 倍液，或 10％除尽悬浮剂 1 200～1 500 倍液喷雾防治。

2. 蚜虫

蚜虫有两种形态，在条件适宜时形成无翅蚜，条件不适宜时产生有翅蚜。多为害菜株的幼嫩叶片和心叶，造成心叶和嫩叶卷缩变形，菜株生长不良，不能正常结球。严重时诱发煤污病，影响产品质量。

菜蚜多为浅绿色、浅黄色和绿黄色。在华北地区一年可发生 10 多代，南方地区可达 30～40 代。北方地区冬天一般不形成为害，在温室内蔬菜上可零星发生。露地蔬菜常在春、秋出现两个发生高峰。在南方桃蚜可周年发生为害。桃蚜喜欢黄颜色和橙黄色，害怕银灰色。可利用它对颜色的喜好进行防治。

防治方法有以下几种：

①根据有翅蚜虫害怕银灰色，可在菜地内间隔铺设银灰色膜或挂拉银灰色膜条驱避蚜虫。

②根据有翅蚜虫喜欢黄色，可在田间挂设黏虫黄板诱集有翅蚜虫，或距地面 20 厘米左右架黄色盆，内装 0.1％肥皂水或洗衣粉水诱杀有翅蚜虫。

③适时进行药剂防治，由于蚜虫世代周期短，繁殖快、蔓延迅速，多聚集在蔬菜心叶或叶背皱缩隐蔽处，喷药要求

细致周到，保护地内采用烟雾剂或常温烟雾施药技术防治效果更好。喷雾可选用 20％康福多浓可溶剂 3 000～4 000 倍液，或 1％印棟素水剂 800～1 000 倍液，或 3％莫比朗乳油 1 000～2 000 倍液喷雾防治，保护地选用 20％灭蚜烟雾剂，每次每亩 0.4～0.5 千克均匀摆放，点燃后闭棚 3 小时。

第十一讲　番杏栽培技术

一、特点

番杏（*Tetaragonia expansa* Murr.）又名新西兰菠菜、洋菠菜、夏菠菜、白番苋、海滨莴苣、宾菜等，为番杏科（Aizoaceae）番杏属多年生草本植物，原产于大洋洲热带和亚热带地区。番杏引入我国已有上百年历史，南方地区种植可露地越冬，周年生长。北方地区可春季播种，秋天结子，一年完成整个生育过程。番杏作为蔬菜生产一直没引起人们的注意，目前我国番杏的种植面积也还不大，主要由于番杏中含有一定量的单宁，若作法不当，涩味较重，不易被人们接受。番杏栽培容易，生长迅速、旺盛；抗热力强，能在炎热的夏季能生长良好。

番杏作为一种营养保健蔬菜含有较为全面的营养成分，每 100 克可食部分含碳水化合物 0.6 克、钙 58 毫克、磷 28 毫克、铁 0.8 毫克、胡萝卜素 4 400 国际单位、硫胺素 0.04 毫克、核黄素 0.13 毫克、维生素 C 30 毫克。番杏是富含胡萝卜素、核黄素和维生素 C 的蔬菜，但是茎叶内含有一定量的单宁，在凉拌、炒食和做汤前，必须先用沸水烫漂，否则涩味重，影响口味。在《中国药植图鉴》中载：番杏"治癌症、肠炎、败血症"，且有清热解毒、利尿、消肿等功效，常用作治疗肠炎、面热目赤、疔疮红肿等症。

随着人民生活水平的提高，各种蔬菜特有的、独特的营养保健功能越来越多地被开发和重视起来，特别是在番杏的食用方法上，经过不断创新改进，开发了炸番杏鱼、作馅、火锅、鱼香番杏等新的食用方法，使其正在被广大消费者所喜爱。在北京的各个蔬菜生产基地和蔬菜种植园区目前都有种植。与其他茄果类、瓜类蔬菜相比，番杏的适应性广，管理简单，用工少，且病虫害轻。

番杏根系发达，耐旱能力较强，耐涝能力较差。茎为圆形、半蔓生，初期直立型生长，后期匍匐生长，分枝力强，每个叶腋中都能长出侧枝。叶片互生，形状略似三角形，全缘，叶片肥厚，呈深绿色。种子为黑褐色，表面有棱，在棱的顶端长有细刺，千粒重80～100克。育苗移栽时，每亩种植面积需准备种子750～1 000克。

二、环境要求

（1）温度　番杏原产热带和亚热带地区，所以较喜温，同时经过多年的驯化种植，又能在0℃以上低温条件下生存，但5℃以下基本停止生长。它的种子发芽适温为25～28℃，植株生长适温为15～25℃。

（2）光照　番杏茎叶生长对光照要求不严格，强光、弱光下都能良好生长。露地生产在夏季如果光照过强，可产生局部灼伤。而在冬季保护地生产中，后期生长采摘不及时，植株过密遮光严重时可造成下部枝条黄化腐烂。

（3）水分　番杏根系较发达，有一定的耐旱能力，喜湿怕涝，在整个生长过程中，都要求保持一定的土壤湿度和良好的通透性，在较黏重和缺水的土壤中生长，番杏根系不发达，叶片面积小，遇长日照后很快进入生殖生长，使产品品质下降。番杏对空气湿度要求不严格，在相对湿度20％～70％的条件下都能正常生长。在旺盛生长期如匍匐茎生长过长，且侧枝过多，相互重叠，采收不及时下部易形成局部高湿的小环境，造成枝叶腐烂。

（4）土壤和营养　番杏对土壤的适应性较强，但在肥沃的沙质壤土或壤土上生长良好，同时具有一定的耐酸耐碱性。在营养元素的吸收上，番杏需氮肥最多，其次是钾肥。同时番杏可连续收获上市，所以在生产过程中要注意均衡补充所需速效肥料。

三、优良品种

日常北京地区的番杏种植只有一个品种。

番杏新品种JZ－7是四川省农业科学院经济作物研究所1997年从地方品种中选育出的新品种，该品种抗番杏枯萎病，长势旺，嫩茎叶收获期长，产量高，经多年试验示范种植，适应性强。

四、栽培技术

1. 茬口安排

番杏在北京地区即可露地种植也可保护地栽培，但主要还是保护地栽培，露地生产目前面积还很少。保护地生产全年一茬，日光温室、大棚、中小棚都可于春季播种定植，连续采收，其中日光温室和改良阳畦生产，能够安全越冬，第二年继续采摘产品，但产量一般没有重新播种种植的高。番杏在气温稳定在0℃以上、地温6℃以上的保护地中就可以定植，目前北京地区番杏的主要茬口安排如下表（表6）：

表6 北京地区番杏茬口安排表

茬口	播种期	定植期	始收获期
春季日光温室	12月上旬	2月上旬	3月下旬
改良阳畦	12月中旬	2月中旬	4月上旬
塑料大棚	2月上旬	3月下旬	5月上旬
日光温室（秋冬茬）	8月中旬	9月下旬	11月中旬
露地生产	2月下旬	4月中旬	6月中旬

2. 培育壮苗

（1）种子处理 番杏的种皮（实际是果实）坚硬、透水性差，干子播种一般要20天以上才能出苗，而且出苗时间差距可在20天以上，所以除露地大面积生产采取直播外，在保护地生产中为确保定植苗整齐一致和能够提早上市，多采用育苗移栽。番杏种子有果皮包裹，透水性差，播种前多浸种催芽。可在浸种前适当对种子进行干子揉搓，利于水分尽快渗入。可用温水浸种24小时，捞出晾干，用湿布包好，放在25～30℃环境下催芽，两天用清水投洗1次，确保种子周围有充足的氧气，这样7～10天即可露芽。

（2）播种 无论在何地播种，都要求底水一定要充足，确保较长出苗期的水分供应，可点播，按8厘米见方每穴播两子，覆1.5～2厘米表土，整个苗期不再进行分苗。春季播种，苗床土壤不能过黏，以便尽快增温，且最好施入一定量的腐熟农家肥。日光温室秋冬茬的育苗期正处于炎热的季节，育苗场地最好选择四周能通风的大棚或阴棚中进行，并注意防雨，严禁雨水流入育苗场地，苗床以壤土为好。春季保护地生产可在日光温室播种，播种后以保温为主，畦面要进行近地面覆盖，保持一定空气湿度。如果采用穴盘或营养钵无土育苗，在种子未出土前要随时根据墒情补充水分，如遇外界气温低，可用喷壶撒水，防止种皮干燥造成的不能出苗。

（3）苗期管理　播种后出苗前的温度可保持 25℃ 左右，待出齐苗后温度的管理是白天 15～25℃、夜间 5～10℃，阴天温度管理可适当下调 10℃。种子拱土前要每天检查土壤水分情况，如果温度有保障但两周左右种子迟迟不见动静，可考虑适当补充水分。出苗后要及时去除杂草，在适宜的外部环境条件下，番杏 40～50 天即可成苗，成苗后及时定植。

3. 整地施肥

当番杏幼苗有 4～5 片真叶时即可定植，定植场地最好排水良好、沙壤土或壤土。定植前应精细整地，每亩施入优质腐熟有机肥 5 000 千克、氯化钾 30 千克、过磷酸钙 40 千克，均匀翻入耕层。作畦方式有平畦和小高畦两种，可根据不同栽培季节和方式自行决定，平畦可作成宽 1.2～1.3 米，栽两行，行距 60～65 厘米，株距 33～40 厘米；小高畦可作成畦宽 70 厘米，高 20～25 厘米，沟宽 50 厘米，栽双行，株距 35 厘米，可进行地膜覆盖。

4. 定植

定植前要选苗，去除病虫苗和弱苗。保护地早春定植可先挖穴浇水，然后立即放苗封埯，注意水一定要充足。

北方地区露地番杏种植还可以直接播种，可在上述的平畦或小高畦中点播，如地块较干旱则可作成平畦，而雨水充足、易涝地区最好作小高畦。播种时先挖穴，然后浇水，每穴点播 2 子，上覆 1～1.5 厘米表土，并稍镇压以保持表土层一定湿度。

5. 田间管理

（1）温度及水分管理　定植后要及时浇缓苗水，白天气温保持 25℃，夜间 15℃左右，促进尽快缓苗。缓苗后降至白天 20℃，夜间 10℃左右。保护地生产气温超过 25℃要及时放风，后期加大通风量。水分管理见湿见干。

（2）光照管理　番杏茎叶生长对光照要求不严格，强光、弱光条件下都能良好生长。但保护地栽培，在炎热夏季尽量避免强光照射时间过长，冬季生产在确保温度不低于10℃的情况下增长光照时间，利于光合作用和营养积累。

（3）追肥　番杏在第一次收前不用追施速效肥料，采摘后可每月追肥 1 次，15 天左右浇 1 次水，早春可追施腐熟粪稀水，温度升高后可每次每亩追施尿素 10～15 千克。中后期可根据土壤情况适当补施钾肥。

（4）植株调整　前期要结合浇水及时中耕除草，特别是露地生产容易造成草荒，可前期套种一些快熟菜，如小油菜、茼蒿等。在整个植株封垄时可根据植株生长情况进行调整，适当摘除部分侧枝以减少地上部的枝条密度，防止下部枝叶过密造成腐烂。

6. 采收

番杏长到十几片叶时即可采摘嫩梢上市，收获要及时，否则影响产量和品质。第一次采摘不能过早，要等到主茎长到一定长度，上面已经发出多条侧枝后方可去尖。侧枝长成后依次保留几条侧枝去尖。番杏收获期如营养充足条件适宜，可十天采收 1 次，一直可采收到霜降。北京地区露地栽培收获 5 个月，亩产 3 000～5 000 公斤。

如需留种，可在生产田采收 2～3 次嫩尖后，选健壮植株任其生长，开花结果。果实转黄熟时要及时采摘，先黄先收，晒干贮藏。如不及时收获则很容易跌落，落地种子于温暖的秋季或第二年春天均能发芽生长。

五、病虫害防治

番杏在生长过程中很少发生病害和虫害，由于汁液具有特殊味道，一般害虫不喜食用，偶尔有翅蚜虫和白粉虱成虫，但也很少造成为害。有时可发生一些蜗牛、菜青虫和甲壳虫侵食，一般不需防治，如为害较严重时，可用云菊、清原保、欧美德等高效低毒的生物药剂进行防治即可。

常见的病害有番杏病毒病，主要毒源为：甜菜黄化病毒病。此外，还有香石竹叶脉斑驳病毒，菊花潜病毒等均可侵染。防治方法：①清洁田园；②种植田块应远离萝卜、黄瓜等地，避免早播；③用银灰地膜避蚜；④及时灌水、避免干旱。

第十二讲　紫背天葵栽培技术

紫背天葵（*Begonia fimbristipula* Hance）是菊科三七草属多年生宿根常绿草本植物，别名血皮菜、观音菜、紫背菜、红凤菜等。原产中国南部，四川、台湾、海南等温暖湿润地区栽培较多。紫背天葵抗逆性强，耐旱耐热、耐荫、耐瘠薄，病虫害少，一般的块均能生长良好，茎紫红、叶背紫，具有较高的观赏价值是集菜用、药用、观赏为一体的栽培种。近年来在华北、东北地区作为特种蔬菜引入栽培，已逐渐为北方人民所接受和喜爱，利用日光温室可以很容易地实现周年生产供应。

紫背天葵摘取长 10～15cm 的嫩梢先端以其嫩茎叶供食，除含常见蔬菜所具有的营养物质外，还含有丰富的维生素 A、维生素 B、维生素 C、黄酮苷成分及钙、铁、锌、锰等多种对人体健康有益的元素。据资料分析，每100克干物质中含钙22毫克、磷2.8毫克、铁20.9毫克、锰14.5毫克、铜1.8毫克；每100克鲜食部分中含铁7.5毫克、锰8.13毫克，是大白菜、萝卜和瓜类蔬菜含量的20多倍。紫背天葵含有黄酮苷成分，长期食用能活血、止血，解毒消肿；对恶性生长细胞有中度抗效，并有减少血管紫癜作用；对痛经、血崩、咳血、创伤出血、溃疡久不收口、支气管炎、等有一定辅助疗效；同时还有抗寄生虫和抗病毒的作用，能增强人体的免疫能力。近年来，紫背天葵的保健功能逐渐被人们所重视。

紫背天葵的茎叶质地柔软嫩滑，具有特殊风味，可凉拌、做馅、蛋炒、糖醋淹渍或作涮火锅的配菜，并具有较高药用价值。在我国各大中城市郊区作为特种蔬菜推广较快，深受餐饮业欢迎。

一、品种类型

紫背天葵有红叶种和紫茎绿叶种两类。

红叶种，叶背和茎均为紫红色，新芽叶片也为紫红色，随着茎的成熟，逐渐变为绿色。叶大而细长，先端尖，黏液多，叶背、茎均为紫红色，茎节长。是北方设施栽培的主要品种。

紫茎绿叶种，茎基淡紫色，节短，分枝性能差，叶小椭圆形，先端渐尖，叶色浓绿，有短绒毛，黏液较少，质地差，但耐热耐湿性强。

二、栽培技术

1. 环境要求

（1）温度　紫背天葵为喜温性植物，耐热不耐寒，在温暖的南方，为常绿宿根性多年生植物，能在露地条件下自然生长，较高温度有利于生长，但在炎夏烈日高温季节生长缓慢，最适宜的生长温度白天20～30℃，夜间10～12℃，但能耐3～5℃的低温，遇霜冻枯死，因此在北方不能露地越冬，需在初霜前挖出植株，存放在保护地内越冬。

（2）光照 对光照要求不严，喜强光而较耐阴，可在背阴地边，或连阴雨条件下生长，但充足的日照条件，生长更加旺盛，有利于提高产量。

（3）水分 喜湿润的生长环境，土壤水分充足有利于植株生长，产量高，品质好。但耐旱性也很强，在较干旱的条件下仍可缓慢生长。

（4）土壤和营养 对土壤的适宜性很强，极耐瘠薄，但在高产栽培时应选择肥沃的土壤。采收嫩梢和嫩叶，需氮素最多，其次是钾、磷。因多次陆续采收，除施足有机肥作基肥外，生产期间还应多次追肥。

2. 茬口安排

紫背天葵适应性较广在南方可全年栽培，在北方日光温室虽然全年均可栽植，但以春、秋两季最为适宜。

3. 扦插育苗

紫背天葵很少结子，茎节易生不定根，在生产上，一般采用扦插育苗方式，因在北方地区栽培不能露地越冬，需在保护地内保存母株，从母株上剪取枝条繁育种苗。具体方法是当秋季气温降至10℃以下时，植株生长已缓慢，在田间选取健壮、无病植株，连根挖出，栽植在日光温室内，密度可大些，株行距40×25厘米，栽后及时浇水。冬季调节好室内温度，白天15℃以上，夜间5℃以上，防止蚜虫、白粉虱和病害的为害。

在春季的 2～4 月和 6～7 月在保护地内进行扦插，育苗床用洁净的细沙土，也可用疏松、细碎的园田土做床，最好采用 72 穴塑料育苗盘或 6 厘米×6 厘米营养钵，育苗时以 2∶1 比例的草炭、蛭石为基质，不宜加肥。

从无病毒、生长健壮的母株上剪取茎粗 0.6～0.8 厘米，长 12～15 厘米的枝条，剪去顶部的幼嫩部分，将基部 1～2 片叶摘掉，每段带 3～4 片叶，并将基部剪成马蹄形，蘸少许生根粉溶液，将枝条斜插入基质中约 1/3～1/2。浇透水后、苗床上支上拱架并盖一层农膜或地膜，以利保温保湿，夏季要加盖遮阳网，防止光照过强温度过高，水分损失严重。扦插后使拱棚内温度保持在 20～30℃之间，选择晴天上午 10 点左右喷水，注意保湿，湿度控制在 80% 左右，土壤以湿润为宜，湿度不能过大，以防腐烂。一般 7～10 天可生根，20～30 天根系充分生长时就可以定植。

4. 整地施肥

由于紫背天葵生长期较长，多次采收容易产生伤口，所以定植前应注意温室内病虫害的防治，尤其是白粉虱和介壳虫的发生。定植前要高温闷棚并结合药剂处理，一般每亩用敌敌畏 250 克加发烟剂 500 克混匀后熏蒸。紫背天葵栽培期较长，在生长期内多次收获。因而基肥要施足，施入腐熟的有机肥每亩 3 000 千克，复合肥 50 千克。深翻土地 30 厘米以上，使肥料与土壤掺匀。作畦 1.3 米平畦，达到畦面平整疏松，畦埂硬实，便于田间操作。冬季栽培时可以做 90 厘米小高畦，地膜覆盖有利于低温季节生长。

5. 定植

日光温室秋冬茬 8～9 月定植。种植密度视地力而定，肥沃土可种疏些，一般行距 35 厘米，株距 25～35 厘米，每亩 4 000～6 000 株，一般温室定植后可连续采收 1～2 年，故定植密度也可根据生长期长短来决定。定植时选择根系量较大，植株健壮的无病虫苗。由于紫背天葵的根系较深定植时可采用刨沟灌水，暗水定植，定植以后间隔 1 天及时浇缓苗水，移栽时温度高，光照强时需加盖遮阳网。紫背天葵也可在庭院或阳台进行容器栽培，采用营养土作盆土。平时放在强光之下，使植株健壮生长，夏季放到略有遮荫的地方，以免阳光过强，使叶片提早老化。

6. 田间管理

(1) 温度管理　紫背天葵性喜温暖，耐热畏寒，怕霜冻，因此要尽量创造温暖的环境，以利生长。白天温度 25～30℃为宜；夜间温度不低于 10℃，否则生长缓慢，低于 0℃发生冻害。要注意防寒保温，一般 10 月上旬开始扣膜，棚膜宜选用无滴膜，以降低棚室空气湿度，减少病害发生，通风可以改善温室内的气体成分，有利于控制病虫害和紫背天葵的生长。当外界温度还不低时，通风口要大，时间要长；随着温度的降低，通风口要逐渐缩小，通风时间缩短。通风技术要视天气情况灵活进行，但决不能忽视通风，否则湿度过大，病害发生严重造成减产。11 月上旬加盖草苫。晴天时要掌握早揭苫、晚盖苫，延长光照时间。夏、秋季管理，要做到防高温、防暴雨、防病虫，棚顶及棚前沿各拉一道防虫网，盛夏及早秋可在棚膜上再加盖一层遮阳网。遮阳网在上午 10 时放下，下午 4 时拉起，挖好排水沟，防止热雨灌入棚内。

(2) 水肥管理　紫背天葵耐旱性很强，但适宜的水分供应，有利于茎叶生长，提高产量，改进品质。以小水勤浇为宜，保持土壤经常处于湿润状态，不要过分干旱和大水漫灌,整个生长期浇水要均匀,见干见湿即可。灌溉原则是"见干见湿",无雨天每隔7~10天灌1次"饱水",浇水要选择晴天,浇水后及时放风排湿。深冬及早春低温季节,掌握不旱不浇、浇小水的原则。在施足底肥的基础上,根据天气和植株生长情况,每采收2次应追肥1次,每亩施入尿素10~15千克。间隔7~10天叶面喷肥1次,连喷3~4次,用0.3%浓度的磷酸二氢钾加0.5%浓度的尿素混合喷施,增施有机肥和磷、钾肥,在夏秋高温季节喷施禾丰锌,增强抗病力提高产量和商品质量。

(3)整枝、中耕除草 定植缓苗后,为使其尽快分枝,当株高有25厘米时可进行打顶,应在浇水施肥后进行。主梢长25cm左右时,也可采收顶梢。作为第一次采摘,宜留基部的2~3节,使新发生侧枝略呈匍匐状。以后每个叶腋又长出一个新梢,下次采收宜留茎基部1~2节,这样可控制植株的株形。然后中耕,稍加蹲苗,使主茎变粗,叶片变厚,尽快分出侧枝。植株封垄后,每次中耕的同时适当打掉植株基部的老枝叶,即利于新枝萌发有利于通风透光。生长中后期,应将生长细弱、过于稠密的枝条疏去,以改善通透性,防止郁蔽。因为紫背天葵定植后采收期较长,所以及时除草也是不可忽视的田间管理。

7. 采收

春季栽培,一般栽后25~30天,秋冬季40~50天,温暖季节每10~15天采收1次。进入冬季后开始采收,可一直收获至第二年秋季换茬。紫背天葵小苗时,收获不可过狠,收获过量会严重影响生长速度,当植株分枝已经长成,营养叶多时,尽可随意采收。一般7~10天可采收1次,采收枝长10~15厘米的先端嫩梢,下部留3~5片叶。紫背天葵叶腋处均能分枝，打顶促进分枝生长，每掐掉一个生长点，在适合温度下约需 25 天长出新分枝，温度越高，植株越大分支越快，产量也越高。

三、病虫害防治

紫背天葵零星栽培病害少，栽培面积扩大后会遭受各种病虫害的侵袭。如蚜虫、小菜蛾、蚧壳虫、白粉虱等在连年栽培的地块发生较为严重。在栽培中要合理的轮作换茬，在植株生长期间及时采收去除下部黄叶和老枝，使田间通风透光良好减少病虫害的发生。

1. 蚜虫

喜食植株叶片汁液造成心叶卷缩，植株生长不良，同时产生大量的排泄物，污染叶面，造成商品质量下降，同时还会进行病毒病的传播。在风口和门口设置防虫网，室内张挂黄板诱杀。药剂防治：10％吡虫啉可湿性粉 1 500 倍，25％阿克泰水分散粒剂 3 000～5 000 倍液喷雾防治。噻嗪酮·异丙威烟剂，蚜螨虱杀烟剂每亩一次用量 400～500 克，间隔一周用药，连续熏蒸 3 次。由于生长后期采收频繁，尽量不采用化学药剂防治，用药后 10 天应停止采收。

2. 小菜蛾

初龄幼虫取食叶肉留下表皮，叶面上有许多透明病斑。3～4 龄幼虫开始食心叶或将叶片吃得布满孔洞，叶面呈网状。可采用生物防治，用 Bt 乳剂 500～1 000 倍液，化学防治有卡死克 2 000 倍液，印楝素·苦蔘碱 1 000～1 500 倍液喷雾防治。

3. 蚧壳虫

若虫和雌成虫刺吸芽、叶、枝干和根部的汁液，造成植株畸形、叶片扭曲失去商品价值，排泄蜜露常引起煤污病发生，影响光合作用，产量下降。选择健壮无虫母株，在初期点片发生时，及时清理带虫枝叶，人工刷抹有虫茎干。在幼虫分散转移前喷洒10%氯氰菊酯乳油1 000～2 000倍液，速蚧杀（40%杀扑•氧乐乳油）1 500～2 000倍液喷雾防治。

4. 病毒病

全株均可发病以顶端叶片表现最严重，发病初期叶面出现深浅不一的斑驳条纹和病斑，严重的叶片皱缩、变小，生长受到抑制。主要通过蚜虫传播或人工操作不当从伤口处直接侵染。主要采取防蚜、避蚜措施进行防治，及时拔除病株，选无病植株扦插繁殖，严重时可通过茎尖的组织培养进行脱毒。发病初期可喷洒5%菌毒清可湿性粉剂500倍液，或20%病毒宁水溶性粉剂500倍液等，40%烯羟吗啉胍1 000～1 500倍液加稀释美800倍液喷雾防治，每隔10天喷1次，连续防治2～3次，采收前3天应停止用药。

5. 紫背天葵菌核病

病害从茎基部发生，使茎杆腐烂。发病初期，病部呈现水渍状软腐，褐色，逐渐向茎和叶柄处蔓延，并密生白色絮状物。后期在茎杆内外均可见黑色鼠粪状的菌核。防治方法：①选用无病种子。从无病株留种，若种子混有菌核，可用过筛法或10%食盐水浸种汰除，清水洗净后播种。②加强耕作管理。与水稻轮作可减少大量菌源；播前清园，翻晒土壤，提高和整平畦面以利灌排；勤除杂草，及时清除病、残、老叶以利通风降湿；发现病株立即拔除撒少量石灰。勿偏施重施速效氮肥，适当增施磷钾肥。③药剂防治。发病初期可选下列药剂喷施：a. 50%速克灵可湿性粉剂1 500倍液；b. 40％菌核净可湿性粉剂 1 000 倍液；c. 50％多菌灵可湿性粉剂 600～800 倍液；d. 70％甲基托布津可湿性粉剂 800～1 000 倍液；e. 50％扑海因可湿性粉剂 1 000～1 500 倍液。每隔 7～10 天喷 1 次，连续喷 2～3 次。

附录 1

无公害食品 蔬菜产地环境条件
（NY 5010—2002）

1 范围

本标准规定了无公害蔬菜产地选择要求、环境空气质量要求、灌溉水质量要求、土壤环境质量要求、试验方法及采样方法。

本标准适用于无公害蔬菜产地。

2 规范性引用文件

下列文件中的条款通过本标准的引用而成为本标准的条款。凡是注日期的引用文件，其随后所有的修改单（不包括勘误的内容）或修订版均不适用于本标准，然而，鼓励根据本标准达成协议的各方研究是否可使用这些文件的最新版本。凡是不注日期的引用文件，其最新版本适用于本标准

GB/T 5750 生活饮用水标准检验方法

GB/T 6920 水质 pH 值的测定 玻璃电极法

GB/T 7467 水质 六价铬的测定 二苯碳酰二肼分光光度法

GB/T 7468 水质 总汞的测定 冷原子吸收分光光度法

GB/T 7475 水质 铜、锌、铅、镉的测定 原子吸收分光光度法

GB/T 7485 水质 总砷的测定 二乙基二硫代氨基甲酸银分光光度法

GB/T 7487 水质 氰化物的测定 第二部分 氰化物的测定

GB/T 11914 水质 化学需氧量的测定 重铬酸盐法

GB/T 15262 环境空气 二氧化硫的测定 甲醛吸收-副玫瑰苯胺分光光度法

GB/T 15264 环境空气 铅的测定 火焰原子吸收分光光度法

GB/T 15432 环境空气 总悬浮颗粒物的测定 重量法

GB/T 15434 环境空气 氟化物的测定 滤膜·氟离子选择电极法

GB/T 16488 水质 石油类和动植物油的测定 红外光度法

GB/T17134 土壤质量 总砷的测定 二乙基二硫代氨基甲酸银分光光度法

GB/T17136 土壤质量 总汞的测定 冷原子吸收分光光度法

GB/T17137 土壤质量 总铬的测定 火焰原子吸收分光光度法

GB/T17141 土壤质量 铅、镉的测定 石墨炉原子吸收分光光度法

NY/T395 农田土壤环境质量监测技术规范

NY/T396 农用水源环境质量监测技术规范

NY/T397 农区环境空气质量监测技术规范

3 要求

3.1 产地选择

无公害蔬菜产地应选择在生态条件良好，远离污染源，并具有可持续生产能力的农业生产区域。

3.2 产地环境空气质量

无公害蔬菜产地环境空气质量应符合表1的规定。

3.3 产地灌溉水质量

无公害蔬菜产地灌溉水质应符合表2的规定。

表1 环境空气质量要求

项 目		浓度限值			
		日平均		1h平均	
总悬浮颗料物（标准状态）/（mg/m³）	≤	0.30			
二氧化硫（标准状态）/（mg/m³）	≤	0.15ᵃ	0.25	0.50ᵃ	0.70
氟化物（标准状态）/（μg/m³）	≤	1.5ᵇ	7	—	

注：日平均指任何1日的平均浓度；1h平均指任何一小时的平均浓度。

a 菠菜、青菜、白菜、黄瓜、莴苣、南瓜、西葫芦的产地应满足此要求。

b 甘蓝、菜豆的产地应满足此要求。

表2 灌溉水质量要求

项 目		浓度限值	
pH		5.5～8.5	
化学需氧量/（mg/L）	≤	40ᵃ	150
总汞/（mg/L）	≤	0.001	
总镉/（mg/L）	≤	0.005ᵇ	0.01
总砷/（mg/L）	≤	0.05	
总铅/（mg/L）	≤	0.05ᶜ	0.10

（续）

项　　目		浓度限值
铬（六价）/（mg/L）	≤	0.10
氰化物/（mg/L）	≤	0.50
石油类/（mg/L）	≤	1.0
粪大肠菌群/（个/L）	≤	40 000[d]

　　a　采用喷灌方式灌溉的菜地应满足此要求。

　　b　白菜、莴苣、茄子、蕹菜、芥菜、苋菜、芜菁、菠菜的产地应满足此要求。

　　c　萝卜、水芹的产地应满足此要求。

　　d　采用喷灌方式灌溉的菜地以及浇灌、沟灌方式灌溉的叶菜类菜地时应满足此要求。

3.4　产地土壤环境质量

无公害蔬菜产地土壤环境质量应符合表3的规定。

表3　土壤环境质量要求

单位为毫克每千克

项　目		含量限值				
		pH<6.5		pH6.5～7.5		pH>7.5
镉	≤	0.30		0.30		0.40[a]　0.60
汞	≤	0.25[b]	0.30	0.30[b]	0.50	0.35[b]　1.0
砷	≤	30[c]	40	25[c]	30	20[c]　25
铅	≤	50[d]	250	50[d]	300	50[d]　350
铬	≤	150		200		250

　　注：本表所列含量限值适用于阳离子交换量＞5cmol/kg的土壤，若≤5cmol/kg，其标准值为表内数值的半数。

　　a　白菜、莴苣、茄子、蕹菜、芥菜、苋菜、芜菁、菠菜的产地应满足此要求。

　　b　菠菜、韭菜、胡萝卜、白菜、菜豆、青椒的产地应满足此要求。

　　c　菠菜、胡萝卜的产地应满足此要求。

　　d　萝卜、水芹的产地应满足此要求。

4 试验方法

4.1 环境空气质量指标

4.1.1 总悬浮颗粒的测定按照 GB/T 15432 执行。

4.1.2 二氧化硫的测定按照 GB/T 15262 执行。

4.1.3 二氧化氮的测定按照 GB/T 15435 执行。

4.1.4 氟化物的测定按照 GB/T 15434 执行。

4.2 灌溉水质量指标

4.2.1 pH 值的测定按照 GB/T 6920 执行。

4.2.2 化学需氧量的测定按照 GB/T 11914 执行。

4.2.3 总汞的测定按照 GB/T 7468 执行。

4.2.4 总砷的测定按照 GB/T 7485 执行。

4.2.5 铅、锡的测定按照 GB/T 7475 执行。

4.2.6 六价铬的测定按照 GB/T 7467 执行。

4.2.7 氰化物的测定按照 GB/T 7487 执行。

4.2.8 石油类的测定按照 GB/T 16488 执行。

4.2.9 粪大肠菌群的测定按照 GB/T 5750 执行。

4.3 土壤环境质量指标

4.3.1 铅、镉的测定按照 GB/T 17141 执行。

4.3.2 汞的测定按照 GB/T 17136 执行。

4.3.3 砷的测定按照 GB/T 17134 执行。

4.3.4 铬的测定按照 GB/T 17137 执行。

5 采样方法

5.1 环境空气质量监测的采样方法按照 NY/T 397 执行。

5.2 灌溉水质量监测的采样方法按照 NY/T 396 执行。

5.3 土壤环境质量监测的采样方法按照 NY/T 395 执行。

附录 2

绿 色 食 品

一、绿色食品的概念

绿色食品在中国是对无污染的安全、优质、营养类食品的总称。是指按特定生产方式生产，并经国家有关的专门机构认定，准许使用绿色食品标志的无污染、无公害、安全、优质、营养型的食品。类似的食品在其他国家被称为有机食品，生态食品，自然食品。1990 年 5 月，中国农业部正式规定了绿色食品的名称、标准及标志。标准规定：①产品或产品原料的产地必须符合绿色食品的生态环境标准。②农作物种植、畜禽饲养、水产养殖及食品加工必须符合绿色食品的生产操作规程。③产品必须符合绿色食品的质量和卫生标准。④产品的标签必须符合中国农业部制定的《绿色食品标志设计标准手册》中的有关规定。绿色食品的标志为绿色正圆形图案，上方为太阳，下方为叶片与蓓蕾，标志的寓意为保护。

在许多国家，绿色食品又有着许多相似的名称和叫法，诸如"生态食品"、"自然食品"、"蓝色天使食品"、"健康食品"、"有机农业食品"等。由于在国际上，对于保护环境和与之相关的事业已经习惯冠以"绿色"的字样，所以，为了突出这类食品产自良好的生态环境和严格的加工程序，在中国，统一被称作"绿色食品"。

绿色食品是指在无污染的条件下种植、养殖，施有机肥料，不用高毒性、高残留农药，在标准环境、生产技术、卫生标准下加工生产，经权威机构认定并使用专门标识的安全、优质、营养类食品的统称。

二、绿色食品所具备的条件

①产品或产品原料产地必须符合绿色食品生态环境质量标准；

②农作物种植、畜禽饲养、水产养殖及食品加工必须符合绿色食品生产操作规程；

③产品必须符合绿色食品标准；

④产品的包装、贮运必须符合绿色食品包装贮运标准。

三、绿色食品标准

绿色食品标准是由农业部发布的推荐性农业行业标准（NY/T），是绿色食品生产企业必须遵照执行的标准。

绿色食品标准分为两个技术等级，即 AA 级绿色食品标准和 A 级绿色食品标准。

绿色食品标准以"从土地到餐桌"全程质量控制理念为核心，由以下四个部分构成：绿色食品产地环境标准［即《绿色食品 产地环境技术条件》（NY/T 391）］、绿色食品生产技术标准、绿色食品产品标准、绿色食品包装、贮藏运输标准。

四、哪些产品可以申请使用绿色食品标志

绿色食品标志，是中国绿色食品发展中心 1996 年 11 月 7 日经国家工商局商标局核准注册的我国的第一例证明商标。

其核定使用的商品范围极为广泛，在 1 类的肥料上，注册了图形商标；在 2 类的食品着色剂上注册了文字、图形、英文以及组合共四件商标；在 3 类的香料上、5 类的婴儿食品上注册了四个商标，并在 29 类肉类、煮熟的水果、蔬菜、果冻、果酱等，30 类的糖、咖啡、面包、糕点、蜂蜜、糖调味香料，31 类水果、蔬菜、种子、饲料，32 类啤酒、饮料，33 类含酒精的饮料进行了全类注册。据不完全统计，迄今为止"绿色食品"证明商标现已在八类 1 000 多种食品上核准注册 33 件证明商标。

附录 3

有 机 食 品

一、有机食品概念

有机食品（organic food）也叫生态或生物食品等。有机食品是目前国标上对无污染天然食品比较统一的提法。有机食品通常来自于有机农业生产体系，根据国际有机农业生产要求和相应的标准生产加工的。除有机食品外，目前国际上还把一些派生的产品如有机化妆品、纺织品、林产品或有机食品生产而提供的生产资料，包括生物农药、有机肥料等，经认证后统称有机产品。

有机食品是指按照这种方式生产和加工的；产品符合国际或国家有机食品要求和标准；并通过国家认证机构认证的一切农副产品及其加工品，包括粮食、蔬菜、水果、奶制品、禽畜产品、蜂蜜、水产品、调料等。

二、中国有机产品标志

中国有机产品标志释义"中国有机产品标志"的主要图案由三部分组成，即外围的圆形、中间的种子图形及其周围的环形线条。

标志外围的圆形形似地球，象征和谐、安全，圆形中的"中国有机产品"字样，为中英文结合方式。既表示中国有机产品与世界同行，也有利于国内外消费者识别。

标志中间类似于种子的图形代表生命萌发之际的勃勃生

C:100 M:0 Y:100 K:0

C:0 M:60 Y:100 K:0

机，象征了有机产品是从种子开始的全过程认证，同时昭示出有机产品就如同刚刚萌发的种子，正在中国大地上茁壮成长。

种子图形周围圆润自如的线条象征环形道路，与种子图形合并构成汉字"中"，体现出有机产品植根中国，有机之路越走越宽广。同时，处于平面的环形又是英文字母"C"的变体，种子形状也是"O"的变形，意为"China Organic"。

绿色代表环保、健康，表示有机产品给人类的生态环境带来完美与协调。橘红色代表旺盛的生命力，表示有机产品对可持续发展的作用。

三、有机食品与绿色食品

绿色食品是中国政府主推的一个认证农产品，它有绿色AA级和A级之分，而其AA级的生产标准基本上等同于有机农业标准。绿色食品是普通耕作方式生产的农产品向有机食品过渡的一种食品形式。有机食品是食品行业的最高标准。

四、有机食品主要品种

目前经认证的有机食品主要包括一般的有机农作物产品（例如粮食、水果、蔬菜等）、有机茶产品、有机食用菌产品、有机畜禽产品、有机水产品、有机蜂产品、采集的野生产品以及用上述产品为原料的加工产品。国内市场销售的有机食品主要是蔬菜、大米、茶叶、蜂蜜等。

五、有机食品判断标准

①原料来自于有机农业生产体系或野生天然产品；

②有机食品在生产和加工过程中必须严格遵循有机食品生产、采集、加工、包装、贮藏、运输标准，禁止使用化学合成的农药、化肥、激素、抗生素、食品添加剂等，禁止使用基因工程技术及该技术的产物及其衍生物。

③有机食品生产和加工过程中必须建立严格的质量管理体系、生产过程控制体系和追踪体系，因此一般需要有转换期，这个转换过程一般需要 2～3 年时间，才能够被批准为有机食品。

④有机食品必须通过合法的有机食品认证机构的认证。

主 要 参 考 文 献

曹华. 2006. 特菜生产关键技术百问百答［M］. 北京：中国农业出版社.

马占元. 1997. 日光温室实用技术大全［M］. 石家庄：河北科学技术出版社.

薛聪贤. 2000. 台湾蔬果实用百科 2［M］. 台北：台湾普绿出版社.

郑建秋. 2004. 现代蔬菜病虫鉴别与防治手册［M］. 北京：中国农业出版社.

中国农业科学院蔬菜花卉所. 2010. 中国蔬菜栽培学［M］. 2 版. 北京：中国农业出版社.